商业分析
Business Analytics

R 语言与数据可视化

段宇锋　李伟伟　熊泽泉◎编著

华东师范大学出版社

目录

本书简介 1

第一编 基础编 1

第1章 R基础 3

1.1 什么是R？ 3

1.2 R的优点 3

1.3 R的安装 4

1.4 R的基本操作 7

第2章 数据的导入和输出 26

2.1 数据导入 26

2.2 数据输出 43

2.3 图形格式 45

第二编 核心编 47

第3章 基本绘制 49

3.1 散点图 51

3.2 饼图 56

3.3 箱线图 59

3.4 条形图 62

3.5 直方图 66

3.6 QQ图 68

3.7　其他图表　71

第4章　参数控制　81

　　　4.1　图形参数　81

　　　4.2　文本参数　92

　　　4.3　图例参数　95

　　　4.4　网格参数　99

　　　4.5　坐标轴参数　101

　　　4.6　综合示例　103

第5章　低级绘图　104

　　　5.1　点和线　104

　　　5.2　直线和线段　106

　　　5.3　矩形　107

　　　5.4　多边形　110

　　　5.5　综合示例　113

第6章　面板调整　115

　　　6.1　屏幕　115

　　　6.2　布局　117

第7章　交互式绘图　120

　　　7.1　定位器　121

　　　7.2　识别器　122

第8章　Lattice　124

　　　8.1　散点图　126

　　　8.2　点图　131

　　　8.3　箱线图　132

　　　8.4　条形图　133

　　　8.5　带形图　134

　　　8.6　直方图　135

　　　8.7　核密度图　139

　　　8.8　QQ图　140

　　　8.9　等高线图　141

8.10　平行坐标图　143

　　8.11　三维图　146

　　8.12　图形参数及选项控制　148

第9章　ggplot2　154

　　9.1　快速作图　155

　　9.2　图形语法　158

　　9.3　散点图　163

　　9.4　面积图　167

　　9.5　箱形图　171

　　9.6　条形图　176

　　9.7　光滑密度曲线图　180

　　9.8　线图　185

　　9.9　小提琴图　188

　　9.10　调整图形外观　193

第10章　其他图形库　196

　　10.1　地图　196

　　10.2　网络图　203

　　10.3　马赛克图　208

第11章　颜色控制　213

　　11.1　调色板　213

　　11.2　颜色库　214

第三编　实战编　217

第12章　实战　219

　　12.1　基本库实战　219

　　12.2　ggplot2 实战　229

　　12.3　 lattice 实战　237

第13章　展望　242

　　13.1　最新发布　242

　　13.2　未来趋势　244

本书简介

目标:

通过对 R 语言三大常见函数库(基本函数库、lattice 函数库和 ggplot2 函数库)进行详细介绍以及大量的示例展示,帮助读者尽快学习 R 语言。并且通过三个具体例子,综合展示如何使用这三个函数库,以帮助读者在使用 R 语言进行数据可视化方面取得进展。

内容组织:

本书分为基础编、核心编和实战编三部分。

基础编包括 R 基础(第 1 章)、数据的导入和输出(第 2 章)。主要介绍 R 的优点和基本操作,以及如何安装 R 的环境,如何导入导出数据,包括输出图形格式,使得读者对 R 语言有一个初步的认识。

核心编包括基本绘制(第 3 章)、参数控制(第 4 章)、低级绘图(第 5 章)、面板调整(第 6 章)、交互式绘图(第 7 章)、Lattice(第 8 章)、ggplot2(第 9 章)、其他图形库(第 10 章)、颜色控制(第 11 章)。详细介绍 R 语言的三大常见函数库,分别是基本函数库、lattice 函数库和 ggplot2 函数库。书中使用了大量的示例来帮助读者学习如何使用这些 R 语言函数库的函数。有些图形可以使用 R 的不同函数库来绘制,本书也有针对性地向读者展示了 R 语言在这方面的强大功能。

实战编包括实战(第 12 章)和展望(第 13 章)。通过三个例子展示了核心编中基本函数库、lattice 函数库和 ggplot2 函数库的综合应用。读者可以通过这三个例子对 R 语言进行更加深入的了解。

体例特点:

本书在介绍 R 语言不同函数库的时候使用了大量的示例,这些示例都非常典型,可操作性强,实际数据可视化中经常用到,读者可以直接拿来使用,大大方便了读者使用 R 语言来进行可视化。

第一编 基础编

第 1 章　R 基础

1.1　什么是 R？

R 究竟是什么？对于初学者来说，可能会有这样的困惑，其实我们从不同的角度出发，对 R 可以有着不同的理解。

从编程的角度来看，R 是面向对象的编程语言，源于 20 世纪 70 年代贝尔实验室的 Rick Becker、John Chambers、Allan Wilks 所开发的 S 语言。1995 年新西兰 Auckland 大学统计系的 Robert Gentleman 和 Ross Ihaka，基于 S 语言的源代码，开发出了 R（两人名字的首字母）。R 是一种解释性语言，在运行前并不需要编译，因此我们可以轻松地运用它而无需知道代码如何运行于计算机底层。

从使用的角度出发，R 是有着统计分析功能及强大作图功能的软件，用户通过在交互界面输入各种函数或命令，可以进行数据计算、统计性分析，然后生成各种简单或复杂的图形。在本书后面的篇章中，你能够领略到由 R 生成的各种充满魔力的图形。

如果从开发的角度看，R 是一组开源的数据操作、计算和图形显示工具的整合包，或者说是一个开发平台，其功能包括：数据存储和处理系统；数组运算工具（其向量、矩阵运算方面功能尤其强大）；完整连贯的统计分析工具；优秀的统计制图功能；简便而强大的编程语言——可操纵数据的输入和输出，可实现分支、循环，用户可自定义功能。

在多数情况下，根据上下文，我们就能够清楚地知道其中的 R 指的是什么。

1.2　R 的优点

免费：大多数商业统计软件如 Matlab、SAS 等都是收费的且价格不菲，而 R 是免费的开源软件，但是其统计、作图功能丝毫不逊于其他商业软件，这对于大部分囊中羞涩的学生来说是非常有吸引力的一个优点。

跨平台：R可以运行于包括Windows、UNIX和Mac OS等众多操作系统上，这对于某些在办公室用windows系统，回家用Mac OS的上班族来说无疑是一个福音，你无需安装多个系统或者虚拟机，就能够在不同的操作环境下使用你的代码，也能够很方便地使用其他R的用户编写的代码，尽管他们可能是在不同的操作系统环境下编写的。

简单易学：R语言的编程风格类似于C语言，如果使用引用类，就可以写出如C♯或JAVA的面向对象代码，而大量的库和包的存在，又使得R可以用更少的代码来实现所需功能，对于一些常见的功能，你只需要在适当的位置进行调用即可。总之，如果你学过其他的编程语言，那么你就能很快上手R。

程序小巧：目前最新版本的安装包(version 3.3.0)只有71 M左右，而安装完成后的大小总共就只有200多M，相对于其他商业软件动辄几个G的大，R可以称得上是小巧玲珑。也正是因为其小巧，R运行起来对系统的负担也很小。

易扩展：除了R默认安装的程序包外，还有大量可以手动下载和安装包，这些包由R的爱好者们捐献，用于解决某些特定的问题。目前光在R网站上就有8 000多个程序包，涵盖基础统计学、社会学、经济学、生态学、生物信息学等领域，因此R可以在不同的学科领域发挥其作用。我们将在后文中详细介绍一些常用包的安装及使用。

1.3 R的安装

使用任何软件的第一步都是安装。R的安装非常简单，与安装其他软件的过程基本相似。首先需要下载R的安装程序，我们可以到其官方网站http://www.r-project.org上进行下载。R的官方网站如图1-1所示。

R的主页非常简单，甚至让人怀疑这是否真的是大名鼎鼎的R的主页，左侧菜单栏可以点击Download进入下载页面，主页左侧菜单栏下方是对R项目的一些介绍及帮助文档，主页中间最显眼的地方也是R的简要介绍及下载链接，而其下方是一些关于R的新闻消息。

点击主页左侧的CRAN链接，或者主页中间的download R，就会看到R在全球的网络服务器列表(图1-2)，选择其中一个离你最近的服务器链接。这里我们选择了位于中国的北京交通大学镜像http://mirror.bjtu.edu.cn/cran/。

针对自己的操作系统，选择对应的安装程序进行下载，比如在此处我们选择Download R for Windows，然后选择install R for the first time，最后点击Download R 3.3.0 for Windows即可下载一个R-3.3.0-win.exe的可执行文件到本地。

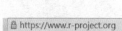

图 1-1　R 网站主页

图 1-2　R 在全球的下载镜像

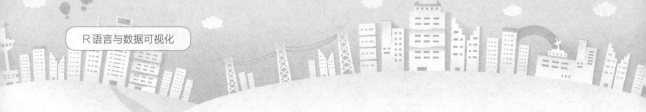

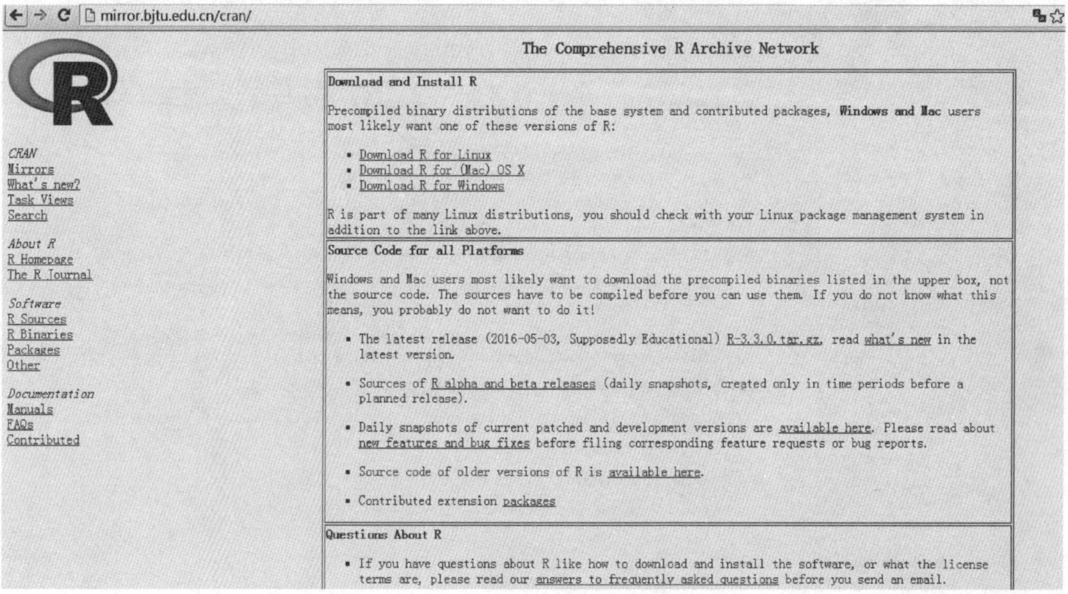
mirror.bjtu.edu.cn/cran/

The Comprehensive R Archive Network

CRAN
Mirrors
What's new?
Task Views
Search

About R
R Homepage
The R Journal

Software
R Sources
R Binaries
Packages
Other

Documentation
Manuals
FAQs
Contributed

Download and Install R

Precompiled binary distributions of the base system and contributed packages, **Windows and Mac** users most likely want one of these versions of R:

- Download R for Linux
- Download R for (Mac) OS X
- Download R for Windows

R is part of many Linux distributions, you should check with your Linux package management system in addition to the link above.

Source Code for all Platforms

Windows and Mac users most likely want to download the precompiled binaries listed in the upper box, not the source code. The sources have to be compiled before you can use them. If you do not know what this means, you probably do not want to do it!

- The latest release (2016-05-03, Supposedly Educational) R-3.3.0.tar.gz, read what's new in the latest version.
- Sources of R alpha and beta releases (daily snapshots, created only in time periods before a planned release).
- Daily snapshots of current patched and development versions are available here. Please read about new features and bug fixes before filing corresponding feature requests or bug reports.
- Source code of older versions of R is available here.
- Contributed extension packages

Questions About R

- If you have questions about R like how to download and install the software, or what the license terms are, please read our answers to frequently asked questions before you send an email.

图 1－3　你可以在该网站窗口下载安装 R

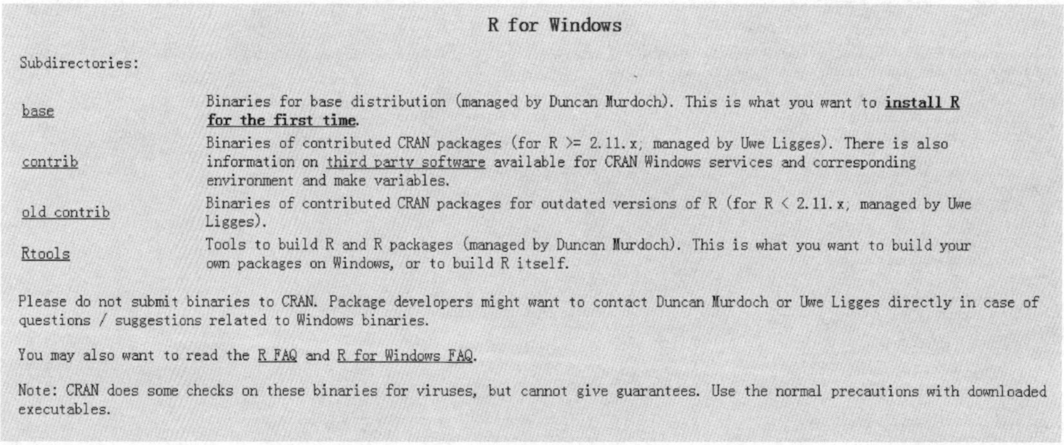
R for Windows

Subdirectories:

base	Binaries for base distribution (managed by Duncan Murdoch). This is what you want to **install R for the first time**.
contrib	Binaries of contributed CRAN packages (for R >= 2.11.x; managed by Uwe Ligges). There is also information on third party software available for CRAN Windows services and corresponding environment and make variables.
old contrib	Binaries of contributed CRAN packages for outdated versions of R (for R < 2.11.x; managed by Uwe Ligges).
Rtools	Tools to build R and R packages (managed by Duncan Murdoch). This is what you want to build your own packages on Windows, or to build R itself.

Please do not submit binaries to CRAN. Package developers might want to contact Duncan Murdoch or Uwe Ligges directly in case of questions / suggestions related to Windows binaries.

You may also want to read the R FAQ and R for Windows FAQ.

Note: CRAN does some checks on these binaries for viruses, but cannot give guarantees. Use the normal precautions with downloaded executables.

图 1－4　该网页允许下载 R 底层基础、捐献包或者工具包

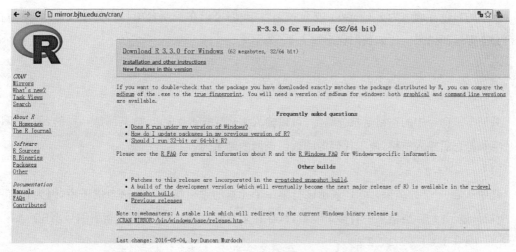

图1-5　您可以在该窗口下载安装最新的安装包

下载完成后,我们双击即可执行安装,首先选择安装的语言,然后按照默认的选项点击"下一步"即可完成安装,安装完成后,会在桌面出现蓝色R字图标的快捷方式。

1.4　R的基本操作

双击桌面的R程序快捷方式(R x64 3.3.0 或 R i386 3.3.0,安装的版本及操作系统不同,对应的名称也会有所差异)打开R的界面。

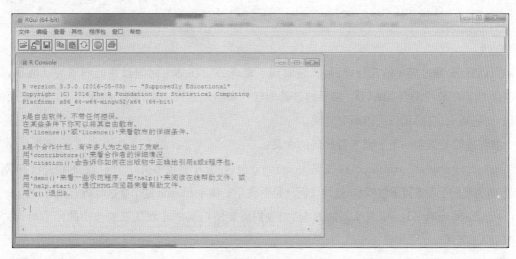

图1-6　R程序启动后的界面

当中的白色界面称为 R Console 或 R 控制台,我们可以在控制台中号右侧输入命令,然后控制台会立即返回结果。比如我们在后输入 1 + 2,

```
1 + 2
```

并回车。命令中的空格是被忽略的,可以输入 1+2,或者 1+ 2,结果都是一样的,但是建议在数字和符合后输入空格,便于代码的阅读。返回的结果为:

[1] 3

其中 3 是 1+2 的结果,而[1]表示该行第一个元素的索引编号。在这个例子中,因为只有一行,所以只显示[1]。当结果中有多个元素,且存在多行时,可能会有不同的索引编号出现。如:

[1] 1 1 1 1 1 1 2 2 2 2 2 2
[13] 3 3 3 3 3 3 4 4 4 4 4 4

表示第二行中的第一个元素(即第一个 3)的索引编号为 13。

你可能会说,R 的功能也不过如此,为了让大家对 R 的统计和作图功能有一个初步的印象,下面的一个例子,可以先不用管某个函数的含义,尝试在 R 控制台敲下这些命令,然后看看 R 所生产的图形。

```
install.packages('quantmod')
require(quantmod)
getSymbols("GOOG",src= "yahoo",from= "2016- 01- 01", to= '2016- 05- 24')
chartSeries(GOOG,up.col= 'red',dn.col= 'green')
addMACD()
```

可以看到,通过简单的几行代码,就获取到了雅虎公司在某一时间段内的股票波动数据,并绘制出相应的 K 线图及 MACD。如果通过其他软件来绘制这样一个图形,将是一个非常繁琐的过程,而利用 R,仅需几行代码即可完成。

我们来简要说明一下上面 5 行代码的含义:

install.packages('quantmod'):安装 quantmod 包,在 R 中有很多执行特殊功能的包并没有默认安装,需要我们手动进行下载安装,这句代码就是下载并安装 quantmod 这个金融分析相关的 R 包。

require(quantmod):引入所需的 R 包,当我们需要使用某个非默认安装包中的函数时,必须首先引入这个包。

getSymbols("GOOG",src = "yahoo",from = "2016 - 01 - 01", to = '2016 - 05 - 24'):利用

图 1-7　雅虎公司的股票波动数据图

quantmod 包中的 getSYmbols 函数，下载雅虎公司在 2016 年 1 月 1 日至 2016 年 5 月 24 日之间的股票数据，并保存为 GOOG。

chartSeries(GOOG, up.col = 'red', dn.col = 'green')：利用所下载的数据绘图。

addMACD()：增加 MACD。

从上面的代码中，我们也了解到了在 R 中安装包、载入包、执行函数画图的过程，下面我们就先介绍一些关于程序包的相关知识。

1.4.1　程序包

程序包（Package）也称为库，是一些已编写的函数集合，具有某些特定的功能，比如上例中的金融分析。在 R 中包含两种程序包，一种是在安装 R 的时候就已经一起进行了安装，这些是一些基础的程序包；另一种则需手动下载并安装。我们可以通过 installed.packages 来查看已经安装的包：

```
view(installed.packages())
```

回车后显示了安装在电脑上的程序包的详细信息，包括包的名称、文件位置、版本号优先级别以及所依赖的其他包等信息。

载入包

如果要使用已随底层安装的包，或者已经安装的包，可以通过点击包→载入包（Packages -

	row.names	Package	LibPath	Version	Priority	Depends
1	abind	abind	C:/Users/fleecy/Documents/R/win-library/3.3	1.4-3	NA	R (>= 1.5.0)
2	acepack	acepack	C:/Users/fleecy/Documents/R/win-library/3.3	1.3-3.3	NA	NA
3	aplpack	aplpack	C:/Users/fleecy/Documents/R/win-library/3.3	1.3.0	NA	R (>= 2.8.0), tcltk
4	arm	arm	C:/Users/fleecy/Documents/R/win-library/3.3	1.8-6	NA	R (>= 3.1.0), MASS, Matrix (>= 1.0), stats, ln
5	bitops	bitops	C:/Users/fleecy/Documents/R/win-library/3.3	1.0-6	NA	NA
6	car	car	C:/Users/fleecy/Documents/R/win-library/3.3	2.1-2	NA	R (>= 3.2.0)
7	caTools	caTools	C:/Users/fleecy/Documents/R/win-library/3.3	1.17.1	NA	R (>= 2.2.0)
8	chron	chron	C:/Users/fleecy/Documents/R/win-library/3.3	2.3-47	NA	R (>= 2.12.0)
9	coda	coda	C:/Users/fleecy/Documents/R/win-library/3.3	0.18-1	NA	R (>= 2.14.0)
10	colorspace	colorspace	C:/Users/fleecy/Documents/R/win-library/3.3	1.2-6	NA	R (>= 2.13.0), methods
11	data.table	data.table	C:/Users/fleecy/Documents/R/win-library/3.3	1.9.6	NA	R (>= 2.14.1)
12	dichromat	dichromat	C:/Users/fleecy/Documents/R/win-library/3.3	2.0-0	NA	R (>= 2.10), stats
13	digest	digest	C:/Users/fleecy/Documents/R/win-library/3.3	0.6.9	NA	R (>= 2.4.1)
14	e1071	e1071	C:/Users/fleecy/Documents/R/win-library/3.3	1.6-7	NA	NA
15	effects	effects	C:/Users/fleecy/Documents/R/win-library/3.3	3.1-1	NA	R (>= 3.2.0)
16	evaluate	evaluate	C:/Users/fleecy/Documents/R/win-library/3.3	0.9	NA	R (>= 3.0.2)
17	formatR	formatR	C:/Users/fleecy/Documents/R/win-library/3.3	1.4	NA	R (>= 3.0.2)

图 1-8 安装在电脑上的程序包的详细信息

Load package)进行选择,或者在控制台输入命令进行载入,比如我们要载入 MASS 包,则可输入:

```
library(MASS)
```

然后单击回车,MASS 包就已经加载完成,这个时候就可以访问 MASS 包里的所有函数了。

除了 library()外,也可以通过 require()来载入包(如上文示例),两者功能基本一致,但实际上返回的结果会稍有不同,require()将会根据包的存在与否返回 true 或者 false,而 library()则不返回结果。因此,如果一个包不存在,执行到 library()将会停止执行,require()则会继续执行,并返回 false。

安装包

如果找不到所需要的程序包,就说明这个包没有安装,我们需要先下载程序包进行安装后才能使用。我们可以从 R 的网站下载压缩包进行安装,也可以直接从 R 里进行安装。

从 R 网站进行安装。打开浏览器进入 R 主页(http://www.r-project.org),点击 CRAN,选择一个服务器,在该镜像站点左侧,选择 Soft 下方的 Packages 链接,在新的页面中,你能看到目前 CRAN 上可用的安装包数目有 8 492 个(该数字更新至 2016 年 6 月,当你阅读此书时,数字可能更大)。选择页面上的 Table of available packages, sorted by date of publication 或者 Table of available packages, sorted by name,可以对所有的安装包进行浏览,选择所需要下载的安装包,如后面我们会用到的 ggplot2。

在 ggplot2 的这个页面中,会对这个压缩包有一个详细的介绍,包括版本号、作者、更新日期、官方网站以及所依赖的其他包、参考手册等信息,在下载区域,提供了适用于不同系统的下载链接,选择适用于自己操作系统的压缩包,如 windows 系统选择 Windows binaries 文件。下载到本地后，在 R 的菜单栏中选择 Packages-Install Package(s) from Local files ...就可以选择刚才下载的文件进行安装。

这样手动安装可能遇到的一个问题是，有时候一个包的运行需依赖于另外一个或多个程序包，但这些包也不是默认安装的，所以这个时候还需要把这些被依赖的包也下载安装，虽然这些依赖的包在程序包的介绍页面都会提及，但总归是一件非常麻烦的事情——需要进行多次的下载和安装。

从 R 中下载安装。直接从 R 中进行下载安装就会自动安装其他有关联的安装包。点击 R 菜单栏中的 Packages-set the CRAN mirror 来设定一个服务器，然后再单击 Packages-Install package(s)，将会出现一个包列表，我们可以从中选择所需要的安装包，比如 ggplot2。

如果已经知道需要安装的包的名字，那么安装就更简单了，比如我们需要安装 ggplot2 这个包，只要在控制台输入如下命令：

```
install.packages("ggplot2")
```

此处应注意，安装包的时候包的名称是需要用双引号，而在载入包的时候则无需双引号，如 library(ggplot2)。

此时 R 会自动下载所需的安装包，以及其他依赖的包，并把它们安装到默认的库位置，默认安装路径可通过.libPaths()来进行查看。如果想要安装到其他位置，可以通过参数 lib 来进行设定，比如我们想把 XML2R 这个包安装到 D 盘的 test 文件夹下，我们可以输入：

```
install.packages("XML2R", lib= "d:/test/")
```

安装完成后，可以看到在 d:/test/ 目录下出现了 XML2R 和 RCurl 这两个文件夹，其中 RCurl 是 XML2R 这个安装包所依赖的安装包，因此也同时被安装在了我们的硬盘上。

维护包

由于程序包的作者可能在不断地对包进行改进，因此你有可能需要对包进行更新以获取最新的版本，可以通过 update.packages 完成。默认情况下，此函数会在更新每个包前都会询问你是否进行更新，你必须输入'y'后才能进行更新操作，当包的数量比较多的时候，这个过程就变得异常繁琐，这个时候我们可以通过设置 ask 参数来进行静默更新。

```
update.packages(ask = FALSE)
```

如果想删除某个包，只需要把包含此包的文件夹从系统中删除即可，或者使用 remove.packages()函数，如果你的包是默认安装的，则无需加其他参数，如果安装的时候没有安装在默认路径下面，则删除的时候同样也需要指定路径：

```
remove.packages("XML2R", lib= "d:/test/")
```

不过这样删除后，我们会发现原来一起安装的那些依赖包仍然存在，仍需要手动再进行一次删除。

使用包

载入一个包后，就可以使用该包中的函数及数据集了。包中一般都提供了演示的小型数据集和示例代码，能够让我们尝试这些新的函数。帮助系统包含了每个函数的一个描述，每个数据集的信息也被包含其中。通过使用命令 help(package = "package_name")可以输出某个包的简短描述以及包中的函数名称和数据集名称列表。使用函数 help()可以查看其中任意函数或数据集的更多细节。

1.4.2 基本运算

在本节开始时的例子中，我们进行了一个最简单的数学运算：1 + 2 = 3，当然 R 也能进行其他的一些基本数学运算，比如乘法(*)、除法(/)、幂运算(^)、%%(求模)、%/%(整除)等。同时这些基本运算遵循通常的运算顺序，如果需要改变运算顺序，可以用小括号()将优先运算的部分括起来。对比如下运算式及运算结果：

```
2* 3+ 4
[1] 10
2* (3+ 4)
[1] 14
(2* 3)+ 4
[1] 10
```

1.4.3 变量

我们的程序通常是为了解决一类相似的问题而设计的，因此程序中往往需要用变量来替代具体情况下的数值，在程序运行时，变量可以保存程序运行时用户输入的数据、特定运算的结果

以及要在窗体上显示的一段数据等。在许多编程语言中,变量需先声明后使用,但是在 R 语音中无需预先声明,而是可以直接赋值。比如下列赋值语句:

```
MyR <- 5
MyArea = 3.14* MyR ^2
MyArea
[1] 78.5
```

其中符号"<-"表示赋值的意思(两个符号之间没有空格),在其他语言中,赋值可能用"="表示,在 R 中虽然同样可以用等号赋值,但是由于在函数调用时,这两个赋值符号还是存在差异,所以我们在大部分情况下都还是用 R 的传统赋值符号"<-"。在上面这个求圆面积的例子中,第一行代码将数值 5 赋值给了变量 MyR(圆的半径),第二行代码将变量的二次方再乘以 3.14 后的结果赋值给了 MyArea(圆的面积)这个变量,可以看到虽然采用了不同的赋值符号,但是两个变量均成功赋值了,最后得到圆的面积为 78.5。

变量名的命名规则与其他高级语言类似,可包含字母、数字、点和下划线,但不能以数字或一个点后跟数字开头,也不能使用一些特殊符号(如 +、−、*、%、<等),除此之外,系统保留字及内部函数也不能作为变量名,如 if、for 和 sum 等,但是可以作为变量名的一部分出现,如 SQ.result 就是一个合法的变量名。

命名变量名时,首要原则是要能够帮助我们记忆,这样我们在代码的不同位置使用该变量时,不至于写错变量名。如用 MyArea 来表示面积,用 MyResult 来表示成绩,这些都是很好的变量名称。另外,R 中的变量名最好使用大写字母开头,这样可以避免将它和一些内部函数名混淆,因为大部分内部函数都是小写开头的,而在 R 中是区分大小写的,如 Variable、VARIABLE、VariAble 分别代表了不同的变量名称。

R 是动态赋值语言,可以随时更改变量类型,我们可以先赋值一个数值型变量,然后对其赋值一个字符串变量,我们来看下面的例子:

```
X <- 5
X
[1] 5
X <- c("fee", "fie", "foe", "fum")
X
[1] "fee" "fie" "foe" "fum"
```

X 由最初的数值型变量，变成了后来的字符型变量。

既然变量可以随时更改变量类型，那么如何判断此时变量属于何种变量类型呢？我们可以使用 class() 来找出变量的类。大部分数字是 numeric 类，逻辑值是 logical 类，字符是 character 类。比如我们查看上面两个例子中变量 MyArea 和 X 的类型：

```
class(MyArea)
[1] "numeric" # 数值型变量
class(X)
[1] "character" # 字符型变量
```

与 class() 查看变量的类相类似，还可以通过 typeof() 查看变量的内部存储类型、mode() 查看模式、storage.mode() 查看存储模式：

```
Y <- gl(2, 5) # 新建一个因子；
class(Y) # 查看变量的类，显示为因子；
[1] "factor"
mode(Y) # 查看变量模式，显示为数值型；
[1] "numeric"
typeof(Y) # 查看变量的内部存储类型，显示为整数型；
[1] "integer"
storage.mode(Y) # 查看变量的存储模式，显示为整数型；
[1] "integer"
```

在实际使用中，我们只需关心变量的类即可。变量的类除了存储数字的 numeric、complex、integer，储存文本的 character 外，还有存储逻辑变量的 logical、存储类别数据的因子 factor 和存储二进制数据的原始值 raw。对于后两种类多数读者可能感到陌生，我们下面作一简要介绍。

在其他一些编程语言中，类别数据通常用整数表示，例如性别 gender 中用 1 表示 female，2 表示 male，或者把 gender 当作带有 "female" 和 "male" 选项的字符变量，然而类别数据毕竟与纯文本是不同的概念，这就给数据分析带来了一定的困扰。R 找到了一种有效的方法，即运用因子——拥有标签的整数，来解决这个问题。

```
gender <- factor(c("male", "female", "female", "male", "female"))
gender
[1] male   female female male   female
Levels: female male
```

因子的内容看起来和他们所对应的字符一样,每个值都有一个可读性很好的标签,这些标签被限制在称为因子水平(levels of the factor)的特定值中,如上例中的"female"和"male"。

```
levels(gender)
[1] "female" "male"
nlevels(gender)
[1] 2
```

我们注意到,尽管 male 是 gender 中的第一个值,但在查看 gender 的水平时,第一个水平仍是 female,说明在默认情况下,因子水平按字母顺序排列。

在系统底层,因子的值仍然被存储为整数,可以通过调用 as.integer 看到:

```
as.integer(gender)
[1] 2 1 1 2 1
```

而原始类 raw 存储向量的"原始"字节,每个字节由一个两位的十六进制值表示,它们主要用于保存输入的二进制文本的内容,因而比较少见。使用 as.raw() 函数可以把 0 到 255 之间的整数转换为原始值。此范围之外的数字将全部视为 0,分数和虚部也将被丢弃。对于字符串,as.raw() 则不起作用,而需使用 charToRaw 函数:

```
as.raw(1:15)
[1] 01 02 03 04 05 06 07 08 09 0a 0b 0c 0d 0e 0f
as.raw(c(pi, 1+ 1i, - 1, 256))
[1] 03 01 00 00
Warning messages:
1: imaginary parts discarded in coercion
2: out- of- range values treated as 0 in coercion to raw
test1 < -  charToRaw("fleecy")
class(test1)
[1] "raw"
test1
[1] 66 6c 65 65 63 79
```

1.4.4 函数

变量用于存储数据,而函数则用于执行固定的功能。我们先来看一个函数的基本组成,以 rt

函数为例,该函数将生成基于 T 分布的随机数。在 R 控制台输入不带任何参数的"rt"。

```
rt
function (n, df, ncp)
{
    if (missing(ncp))
        .Call(C_rt, n, df)
    else rnorm(n, ncp)/sqrt(rchisq(n, df)/df)
}
< bytecode: 0x0000000016d6dda8>
< environment: namespace:stats>
```

可以看到,rt 函数带有三个参数：n 是要产生的随机数的数目,df 是自由度值,ncp 是一个可选的非中心参数。从技术上来说,三个参数 n、df 和 ncp 是 rt 函数的形式参数,当调用该函数并给他传递值时,这些值被称为参数。

在上面显示的代码中,大括号内的就是函数体的代码行,每次调用 rt 函数时,这些代码就被执行并返回相应的值。在这里没有显式的"return"关键字声明应该从函数返回哪个值,因为在 R 中,函数中计算的最后一个值将自动返回。

创建函数与给变量赋值类似。举个例子,创建一个函数来计算直角三角形斜边长度：

```
hypotenuse < - function(x, y) # 创建函数
{
   sqrt(x^2+ y^2)
   }
hypotenuse(3, 4) # 执行函数
[1] 5
```

hypotenuse 是我们创建的函数的名称,x 和 y 是其参数,大括号中的为函数体。当我们调用函数时,如果不命名参数,则 R 将按位置匹配他们,以 hypotenuse(3，4)为例,3 是第一个参数,对应 x；4 是第二个参数,对应 y。如果要改变传递参数的顺序,或省略其中某些参数,则可传入命名参数。以 hypotenuse(y＝8，x＝6)为例,虽然传递变量的顺序是"错误"的,但 R 仍能正确地判断出哪个变量被映射到 x,哪个变量被映射到 y。

有些函数我们不传递参数,也能正常地返回某个结果,这是因为某些函数的参数具有默认

值。我们在创建函数的时候,也可以给参数指定默认值。如在上例中,我们假设创建函数的代码如下:

```
hypotenuse <- function(x=5, y=12) # 创建具有参数默认值的函数
{
  sqrt(x^2+y^2)
  }
hypotenuse() # 执行函数,不代入参数
[1] 13
```

我们发现在执行函数时,不代入任何参数,返回的结果是13,这是默认 x=5,y=12 时,函数的运算结果。接下来我们介绍一些常见的函数。

数学函数

表1-1 常用数学函数列表

函　　数	描　　述
abs(x)	绝对值
sqrt(x)	平方根
ceiling(x)	不小于 X 的最小整数
floor(x)	不大于 X 的最大整数
trunc(x)	向 0 的方向截取的 X 中的整数部分
round(x, digits=n)	将 X 舍入为指定位的小数
signif(x, digits=n)	将 X 舍入为指定的有效数字位数
cos(x)、sin(x)、tan(x)	余弦、正弦和正切
acos(x)、asin(x)、atan(x)	反余弦、反正弦和反正切
cosh(x)、sinh(x)、tanh(x)	双曲余弦、双曲正弦和双曲正切
log(x, base=n)	对 X 取 n 为底的对数
log(x)	log(x)为自然对数
log10(x)	log10(x)为常用对数
exp(x)	指数函数

数学函数的作用是对数据进行一些变换,让作出的图更加直观,更能反映出潜在的规律。尝试在 R 中输入如下数学函数来体会各个函数的作用(♯后面为注释,无需进行输入)。

```
abs(- 4) # 绝对值
[1] 4
sqrt(8) # 平方根
[1] 2.828427
ceiling(3.475) # 不小于参数的最小整数
[1] 4
floor(3.454) # 不大于参数的最大整数
[1] 3
trunc(4.56) # 向0的方向截取参数的整数部分
[1] 4
round(3.654,digits= 2) # 将参数舍入为指定位的小数
[1] 3.65
signif(3.654,digits= 2) # 将参数舍入为指定有效数字的位数
[1] 3.7
cos(2);sin(3);tan(3) # 三角函数
[1] - 0.4161468
[1] 0.14112
[1] - 0.1425465
acos(0.2);asin(1);atan(0.5) # 反三角函数
[1] 1.369438
[1] 1.570796
[1] 0.4636476
log(10,base= 29) # 对10取以29为底的对数,默认为以e为底数的自然对数
[1] 0.6838084
log10(29) # 对29取以10为底的对数
[1] 1.462398
exp(2.3026) # 指数函数
[1] 10.00015
```

统计函数

许多统计函数都拥有可以影响输出结果的可选参数,比如求算数平均数的函数,mean(x,trim = 0,na.rm = FALSE,...),x是数值型、逻辑向量;trim 表示截尾平均数,0—0.5 之间的数值,如:0.10 表示丢弃最大 10%和最小的 10%的数据后,再计算算术平均数。默认为 0;rm 是逻辑值,表示在计算之前,是否忽略 NA 的值。下面的例子能够帮助我们理解参数 trim 的作用(x 向量有 0—10,50 共 12 个数,不去掉最大、最小 10%数的平均数为 8.75,去掉为 5.5)。

```
x <- c(0:10, 50)
xm <- mean(x)
c(xm, mean(x, trim = 0.10))
[1] 8.75 5.50
```

常用的统计函数见表1-2：

表1-2 常用统计函数列表

函　数	描　述
mean(x)	平均数
median(x)	中位数
sd(x)	标准差
var(x)	方差
mad(x)	绝对中位差
quantile(x, probs)	求分位数。其中 X 为待求分位数的数值型向量，probs 为一个由[0,1]之间的概率值组成的数值向量
range(x)	求值域
sum(x)	求和
diff(x, lag = n)	滞后差分，lad 用以指定滞后几项。默认的 lag 值为 1
min(x)	求最小值
max(x)	求最大值
scale(x, center = TRUE, scale = TRUE)	为数据对象 X 按列进行中心化(center = TRUE)或标准化(center = TRUE, scale = TRUE)

读者可以自行生成一个数值向量来测试一下上述统计函数，看看结果是否和自己预期的一致。下面的代码演示了计算某个数值向量的均值和标准差的两种方式。

```
x <- c(1:8) # 生成数值向量 1,2,3,4,5,6,7,8
mean(x) # 简洁方式求的该向量的均值和标准差
[1] 4.5
sd(x)
[1] 2.44949
```

```
n < - length(x)    冗长的方式求得该向量的均值和标准差
meanx < - sum(x)/n
css < - sum((x- meanx)^2)
sdx < - sqrt(css / (n- 1))
meanx
[1] 4.5
sdx
[1] 2.44949
```

其中第二种方式中修正平方和(CSS)的计算过程是很有启发性的,在我们不能利用已有的函数解决问题时,我们需要利用现有的函数来帮助我们解决。我们来看一下第二种方式是如何利用 sum()和 sqrt()两个函数来解决求均值和标准差问题的:

(1) x 等于 c(1∶8),通过 length(x)返回 x 中元素的数量,借此求得 x 的平均值为 4.5;

(2) (x-meanx)即从 x 的每个元素中减去均值 4.5,结果为 c(-3.5,-2.5,-1.5,-0.5,0.5,1.5,2.5,3.5);

(3) (x-meanx)^2 即对(x-meanx)的每个元素求平方,结果为 c(12.25,6.25,2.25,0.25,0.25,2.25,6.25,12.25);

(4) sum((x-meanx)^2)对(x-meanx)^2 的所有元素求和,结果为 42。

概率函数

在 R 中,概率函数形如[dpqr]distribution_abbreviation(),其中第一个字母表示所指分布的某一个方面:

d = 密度函数(density)

p = 分布函数(distribution function)

q = 分位数函数(quantile function)

r = 生成随机数

常用的概率函数见表 1-3:

表 1-3 常用概率函数表

分 布 名 称	缩　写	分 布 名 称	缩　写
Beta 分布	beta	柯西分布	cauchy
二项分布	binom	(非中心)卡方分布	chisq

续 表

分 布 名 称	缩　写	分 布 名 称	缩　写
指数分布	exp	负二项分布	nbinom
F 分布	f	正态分布	norm
Gamma 分布	gamma	泊松分布	pois
几何分布	geom	Wilcoxon 符号秩分布	signrank
超几何分布	hyper	t 分布	t
对数正态分布	lnorm	均匀分布	unif
Logistic 分布	logis	Weibull 分布	Weibull
多项分布	multinom	Wolcoxon 秩和分布	wilcox

我们先来看看正态分布的相关函数，如果不指定一个均值和一个标准差，则函数将假定其为标准正态分布（均值为 0，标准差为 1）。正态分布的密度函数（dnorm）、分布函数（pnorm）、分位数函数（qnorm）和随机数生成函数（rnorm）的使用示例如下。

首先看如何在区间[-3,3]上绘制标准正态曲线（其中 pretty 函数用于在绘图中创建美观的分割点，此处不作讨论，读者可以不用理解该函数的具体意义）：

```
x1 <- pretty(c(-3, 3), 30)
y1 <- dnorm(x1)
plot(x1, y1, type = "l", xlab = "NormalDeviate", ylab = "Density",
  yaxs= "i")
```

得到图形如图 1-9 所示：

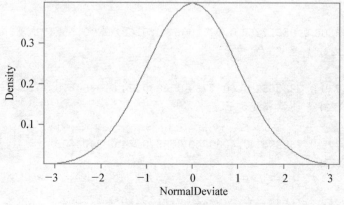

图 1-9　绘制标准正态曲线输出结果图

再看下面几个例子，注意注释中的问题是怎么在函数中解决的。

```
pnorm(1.96) # 位于 Z=1.96 左侧的标准正态曲线下方面积是多少？
[1] 0.9750021
qnorm(0.9, mean = 500, sd = 100) # 均值为 500，标准差为 100 的正态分布的 0.9 分
位点值为多少？
[1] 628.1552
rnorm(50, mean = 50, sd = 10) # 生成 50 个均值为 50，标准差为 10 的正态随机数
 [1] 43.52186 55.08508 41.82335 63.86443 57.30779 59.74615 71.20405
     48.74517 30.56662
[10] 37.85797 48.47743 55.27317 46.57547 64.70706 39.52972 52.61030
     44.01189 47.90403
[19] 57.53880 43.88754 35.65182 62.93224 47.00184 69.00812 49.70698
     62.88617 50.45114
[28] 65.61377 45.21463 65.39850 37.34848 37.44499 42.15224 59.08581
     51.42994 46.58054
[37] 65.21167 44.45901 53.29510 35.82441 38.94320 43.22808 45.32951
     49.07581 38.16372
[46] 30.84572 57.39361 54.17279 48.91938 58.33910
```

随机数函数在测试中作用明显，我们会发现每次使用随机函数的时候，生成的随机数都不一样，这是因为每次函数都会使用一个不同的种子，从而产生不同的结果。我们可以通过函数 set.seed() 显式指定这个种子，让结果可以重现。我们来看下面的例子：

```
runif(5) # 生成 5 个 0 到 1 区间上服从均匀分布的随机数
[1] 0.6503131 0.7439988 0.6819577 0.3963732 0.2587515
runif(5)
[1] 0.42853508 0.95617864 0.97570864 0.01621642 0.55217173
set.seed(123) # 显式指定种子
runif(5)
[1] 0.2875775 0.7883051 0.4089769 0.8830174 0.9404673
set.seed(123) # 再次指定种子
runif(5)
[1] 0.2875775 0.7883051 0.4089769 0.8830174 0.9404673
set.seed(111)
runif(5)
[1] 0.5929813 0.7264811 0.3704220 0.5149238 0.3776632
```

在前两次生成随机数的过程中,两次的结果并不一致,但是当指定种子后,种子相同时,生成的随机数也是相同的,这样就可以重复利用该组随机数。

字符处理函数

前面的函数处理对象都是数字,而字符串处理函数顾名思义是对字符串进行处理,从文本型数据中抽取信息或者为打印输出重设文本格式,当然,也有可能是为了对字符串进行处理后进行数据统计工作。

常见的字符处理函数见表1-4:

表1-4 常见字符处理函数列表

函 数	描 述
nchar(x)	计算 X 中的字符数量
substr(x, start, stop)	提取或替换一个字符串中的子串
grep(pattern, x, ignore, case = FALSE, fixed = FALSE)	在 X 中搜索某种模式。若 fixed = FLASE,则 pattern 为一个正则表达式。若 fix = TRUE,则 pattern 为一个文字字符串。返回值为匹配的下标
sub(pattern, replacement, x, ignore, case = FALSE, fixed = FALSE)	在 X 中搜索 pattern,并以文本 replacement 将其替换。若 fixed = FALSE,则 pattern 为一个正则表达式。若 fixed = TRUE,则 pattern 为一个文本字符串
strsplit(x, split, fixed = FALSE)	在 split 处分割字符串向量 X 中的元素。若 fixed = FALSE,则 pattern 为一个正则表达式。若 fixed = TRUE,则 pattern 为一个文本字符串
paste(..., sep = "")	连接字符串,分隔符为 sep
toupper(x)	将字符串转换为大写
tolower(x)	将字符串转换为小写

可以通过下面的实例来了解各个字符串处理函数的用途:

```
x< - c("ab","cde","fghij","klm")
x
[1] "ab"    "cde"   "fghij" "klm"
nchar(x)
[1] 2 3 5 3
```

```
# substr(x,start,stop) 提取或替换一个字符向量中的子串,start 为起始位置,stop 为结束位置
x< - "abcdef"
x
```

```
[1] "abcdef"
substr(x,2,4)
[1] "bcd"
substr(x,2,4)<- "ABCD"
x
[1] "aABCef"
```

```
grep("A",c("b","A","c"),fixed= TRUE)
[1] 2
sub("\\s",".","Hello There") # 用"."取代"Hello There"中间的空格
[1] "Hello.There"
```

```
y<- strsplit("abc", "") # 将字符串 abc 分割
y
[[1]]
[1] "a" "b" "c"

paste("x", 1:3, sep= "")
[1] "x1" "x2" "x3"
paste("x",1:3,sep= "M")
[1] "xM1" "xM2" "xM3"
paste("Today is", date())
[1] "Today is Sat Jan 18 21:39:21 2014"
```

```
toupper("abc")
[1] "ABC"
tolower("ABC")
[1] "abc"
```

其他实用函数

还有一些函数在数据处理和分析中十分有用,但又无法划入上述分类中,这些函数见表 1-5:

表1-5 其他函数列表

函 数	描 述
length(x)	对象X的长度
seq(from, to, by)	生成一个序列
rep(x, n)	将X重复n次
cut(x, n)	将连续型变量X分割为有着n个水平的因子 使用选项ordered_result=TRUE以创建一个有序因子
pretty(x, n)	创建美观的分割点。通过选取n+1个等间距的取整值,将一个连续型变量X分割为n个区间
cat(…, file = "myfile", append = FALSE)	连接…中的对象,并将其输出到屏幕或文件中

第 2 章　数据的导入和输出

2.1　数据导入

进行数据分析和绘图的第一步就是数据的导入,数据可以直接输入,也可能来源于 txt 文本, excel 文件或者是其他统计工具,如 SAS、SPSS,甚至是存储在结构化数据库或保存在网上的数据文件,下面我们分别介绍如何将这些格式的数据导入到 R 中。

2.1.1　直接输入数据

对于所有的统计软件和作图软件,都提供直接输入数据的功能,对于小样本数据,这是一个十分方便的过程,我们这里也先从一个最简单的数据集开始。

假设有 8 个学生的各科平均成绩如表 2-1 所示:

表 2-1　学生平均成绩表

语　文	数　学	英　语	政　治
85	80	82	90
87	83	90	92
83	77	86	90
80	75	78	85
88	90	91	78
78	88	87	NA
80	81	83	89
83	79	80	84

可以以标量的形式将这些数据一一输入，比如将 8 个学生的语文成绩录入 R 中，可以输入：

```
Chinese1 <- 85
Chinese2 <- 87
Chinese3 <- 83
Chinese4 <- 80
Chinese5 <- 88
Chinese6 <- 78
Chinese7 <- 80
Chinese8 <- 83
```

输入完成后，对变量的赋值就完成了，我们可以用变量来进行运算。如我们可以分别求出这 8 个学生的语文成绩的总值和均值。

```
TotalChinese <- sum(Chinese1, Chinese2, Chinese3, Chinese4, Chinese5, Chinese6, Chinese7, Chinese8) # 求语文总成绩并保存到变量 TotalChinese
AverageChinese <- TotalChinese/8 # 求语文成绩均值并保存到变量 AverageChinese
TotalChinese # 查看变量 TotalChinese 的值
[1] 664
AverageChinese
[1] 83
```

但是，上述方法一个变量保存一个值，如果我们要保存这 8 个学生的 4 门成绩，就需要 32 个变量名。在数据多的时候，这种一一对应的变量保存方法的弊端就显而易见了。不过我们可以用 c() 函数将多个值保存在一个变量当中，其中 c 表示连接（concatenate），比如我们可以将 8 个人的语文成绩保存在一个名为 Chinese 的变量中：

```
Chinese <- c(85, 87, 83, 80, 88, 78, 80, 83)
```

我们查看一下赋值后的 Chinese：

```
Chinese
[1] 85 87 83 80 88 78 80 83
```

此时 Chinese 为一个长度为 8 的向量，如果需要查看 Chinese 中的第一个值，可以输入

Chinese[1]，然后回车：

```
Chinese[1]
[1] 85
```

如何要查看Chinese的前4个值，可以输入：

```
Chinese[1:4]
[1] 85 87 83 80
```

如果要查看除第三个值以外的值，可以输入：

```
Chinese[- 3]
[1] 85 87 80 88 78 80 83
```

我们同样可以对8个学生的成绩进行求和求均值等操作：

```
sum(Chinese) # 求和
[1] 664
mean(Chinese) # 求均值
[1] 83
sum(Chinese[- 3]) # 求除第三个值外所有值的总和
[1] 581
```

现在我们把这8个学生的其他科目成绩也用这种方式输入到R中，由于数目较多，如果输错一个分数，就需要对整个赋值语句进行重新输入，虽然可以通过键盘上的向上箭头来重新调用刚才输入的内容（这是一个重复之前命令的快捷方法），然后再更正错误的分数，但当输入命令较多时，这显然这并不是一个很好的办法。但是，我们可以把要输入的这些内容先输入到一个文本编辑器或记事本中，或者可以选择一个R的集成开发环境（IDE）来进行输入，这些集成开发环境多数具有函数自动完成，函数变量不同颜色高亮等功能，使得R的编程变得更加方便，比如RStudio就是一款使用较为广泛的集成开发环境，该软件可在www.rstudio.com进行下载，此处不对该软件进行介绍。

图2-1就是在RStudio中进行的数据输入，左上角相当于一个文本编辑器，输入好代码后，可以选择好需要运行的代码，点击RUN按钮即可运行相应的代码块，左下角的窗口相当于R的

命令控制台,而在右上角的环境变量窗口,则显示了在当前环境下 R 中所储存的变量及值,右下角是一个多功能窗口,可以作为一个浏览器,也可以作为一个程序包管理器,或者是帮助页面的浏览窗口,或者是图形的展示窗口。如果你觉得输入的代码不需要保持在文本文件中,也可以在左下方的 R 命令控制台中直接输入命令。

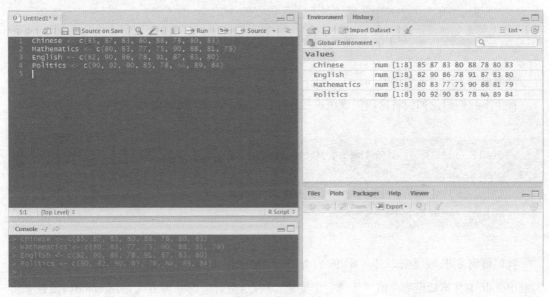

图 2-1　RStudio 主界面

需要注意的是,第 6 个学生的政治成绩,可能是由于缺考的原因,显示为空值 NA,如果直接像之前那样计算总成绩或平均成绩,结果可能会出错:

```
sum(Politics)
[1] NA
```

通过查看 sum()函数的帮助文件(当代码出现问题时,通过查看帮助文件是一种解决问题的好办法),我们发现这样一个细节:

```
Usage
sum(..., na.rm = FALSE)

If na.rm is FALSE an NA or NaN value in any of the arguments will cause a value of NA or NaN to be returned, otherwise NA and NaN values are ignored.
```

原来 sum()函数具有一个默认的选项 na.rm = FALSE,rm 表示移除(remove),这个选项的意思是不移除空值,而造成了整个函数值返回空值,如果不想出现这种情况,应该要将空值移除,即 na.rm = TRUE。我们再来试试:

```
sum(Politics, na.rm = TRUE)
[1] 608
```

此时返回了剩余 7 个值的和。

接下来我们讨论如何将这四门成绩进行连接。首先,我们仍然可以通过使用 c()函数:

```
TotalResult < - c(Chinese, Mathematics, English, Politics)
TotalResult
 [1] 85 87 83 80 88 78 80 83 80 83 77 75 90 88 81 79 82 90 86 78 91 87 83 80 90 92 90
[28] 85 78 NA 89 84
```

我们得到了长度为 32(4×8)的向量 TotalResult,包括一个缺失值 NA,但是我们从 TotalResult 中并不知道哪个值属于哪一个变量。所以,更合适的一种方式是用 cbind()函数来将我们的四门成绩来进行连接:

```
TotalResult2 < - cbind(Chinese, Mathematics, English, Politics)
TotalResult2
     Chinese Mathematics English Politics
[1,]    85       80         82      90
[2,]    87       83         90      92
[3,]    83       77         86      90
[4,]    80       75         78      85
[5,]    88       90         91      78
[6,]    78       88         87      NA
[7,]    80       81         83      89
[8,]    83       79         80      84
```

如果我们需要访问第一列的数据,可以输入 TotalResult2[,1]:

```
TotalResult2[, 1]
[1] 85 87 83 80 88 78 80 83
```

如果需要访问第一行数据,类似地,我们输入 TotalResult2[1,]:

```
TotalResult2[1, ]
  Chinese   Mathematics    English    Politics
     85          80           82         90
```

看看如下命令又是访问哪些数据呢?

```
TotalResult2 [1, 1] # 第一行第一列
Chinese
   85

TotalResult2 [, 2:3] # 第二到第三列
      Mathematics   English
[1,]       80          82
[2,]       83          90
[3,]       77          86
[4,]       75          78
[5,]       90          91
[6,]       88          87
[7,]       81          83
[8,]       79          80

TotalResult2 [, - 3] # 除第三列外的其他列
      Chinese   Mathematics   Politics
[1,]     85         80           90
[2,]     87         83           92
[3,]     83         77           90
[4,]     80         75           85
[5,]     88         90           78
[6,]     78         88           NA
[7,]     80         81           89
[8,]     83         79           84
```

```
TotalResult2 [, c(1, 3, 4)] # 第一、三、四列
     Chinese  English  Politics
[1,]    85      82       90
[2,]    87      90       92
[3,]    83      86       90
[4,]    80      78       85
[5,]    88      91       78
[6,]    78      87       NA
[7,]    80      83       89
[8,]    83      80       84
```

如果我们想知道TotalResult2总共有几行几列，即TotalResult2的维数，可以输入：

```
dim(TotalResult2)
[1] 8 4
```

如果是单独保存行数或者列数呢？

```
dim(TotalResult2)[1] # 行数
[1] 8
dim(TotalResult2)[2] # 列数
[1] 4
```

或者直接使用nrow()及ncol()函数：

```
nrow(TotalResult2) # 行数
[1] 8
ncol(TotalResult2) # 列数
[1] 4
```

另外，除了使用cbind()函数外，也可以使用rbind()函数将数据以行的形式进行连接，比如：

```
TotalResult3 <- rbind(Chinese, Mathematics, English, Politics)
TotalResult3
            [,1] [,2] [,3] [,4] [,5] [,6] [,7] [,8]
Chinese      85   87   83   80   88   78   80   83
Mathematics  80   83   77   75   90   88   81   79
English      82   90   86   78   91   87   83   80
Politics     90   92   90   85   78   NA   89   84
```

这些数据与前面的数据是相同的,只是在行和列的表现形式上有所差异而已,因此之前对行和列进行操作的行数同样适用。

除此之外,我们还可以通过矩阵来输入数据,生成矩阵的函数为 matrix(),我们可以通过如下命令生成一个 8X4 的矩阵:

```
Results <- matrix(nrow = 8, ncol = 4)
Results
     [,1] [,2] [,3] [,4]
[1,]  NA   NA   NA   NA
[2,]  NA   NA   NA   NA
[3,]  NA   NA   NA   NA
[4,]  NA   NA   NA   NA
[5,]  NA   NA   NA   NA
[6,]  NA   NA   NA   NA
[7,]  NA   NA   NA   NA
[8,]  NA   NA   NA   NA
```

生成的矩阵目前都是空值,可以通过 c() 将数值填入该矩阵中:

```
Results[, 1] <- c(85, 87, 83, 80, 88, 78, 80, 83)
Results[, 2] <- c(80, 83, 77, 75, 90, 88, 81, 79)
Results[, 3] <- c(82, 90, 86, 78, 91, 87, 83, 80)
Results[, 4] <- c(90, 92, 90, 85, 78, NA, 89, 84)
Results
```

```
         [,1] [,2] [,3] [,4]
    [1,]  85   80   82   90
    [2,]  87   83   90   92
    [3,]  83   77   86   90
    [4,]  80   75   78   85
    [5,]  88   90   91   78
    [6,]  78   88   87   NA
    [7,]  80   81   83   89
    [8,]  83   79   80   84
```

上述结果没有列名,我们可以通过 colnames() 函数来加上列名:

```
colnames(Results) <- c("Chinese", "Mathematics", "English", "Politics")
Results
     Chinese  Mathematics  English  Politics
[1,]   85         80          82       90
[2,]   87         83          90       92
[3,]   83         77          86       90
[4,]   80         75          78       85
[5,]   88         90          91       78
[6,]   78         88          87       NA
[7,]   80         81          83       89
[8,]   83         79          80       84
```

2.1.2 导入 CSV

很多时候,我们的数据是保存在其他格式的文件中,一个一个数据重新输入到 R 中显然是一个大工程,其实我们可以通过各种函数来进行数据的导入。首先来看看最常见的数据保存格式,逗号分隔值(Comma-Separated Values,CSV)文件。

我们可以用 read.table 或 read.csv 函数来导入 CSV 中的数据,read.table 函数以数据框的格式读入数据,所以适合读取混合模式的数据,但是要求每列的数据数据类型相同。首先我们来介绍一下 read.table 函数。

read.table 读取数据非常方便,通常只需要文件路径、URL 或连接对象就可以了,也接受非常丰富的参数设置，其使用方式如下：

mydataframe <－ read.table(file, header = logical_vaule, sep = "delimiter", row.names = "name")

file 参数：这是必需的，可以是相对路径或者绝对路径(注意：Windows 下路径要用斜杠'/'或者双反斜杠'\\')。

header 参数：默认为 FALSE 即数据框的列名为 V1，V2…，设置为 TRUE 时第一行作为列名。

sep 参数：分隔符，默认为空格。可以设置为逗号(comma) sep = ','，分号(semicolon) sep = ';'和制表符(tab)。

row.names 是一个可选参数，用以指定一个或多个表示行标识的变量。

我们还是以之前 8 个学生的成绩作为例子，假设 8 个学生的成绩保存在 D:\RBook\result.csv 文件内，文件在 excel 中打开如图 2－2 所示：

	A	B	C	D	E
1	语文	数学	英语	政治	
2	85	80	82	90	
3	87	83	90	92	
4	83	77	86	90	
5	80	75	78	85	
6	88	90	91	78	
7	78	88	87	NA	
8	80	81	83	89	
9	83	79	80	84	
10					
11					

result

图 2－2　Excel 数据表

我们通过如下代码导入数据：

```
setwd("d:/RBook/") # 设置当前工作目录，所需导入文件保存在该目录下
getwd() # 检查当前工作目录是否设置成功
[1] "d:/RBook"
results < - read.table("result.csv", head= TRUE, sep= ",") # 导入数据
results
```

	语文	数学	英语	政治
1	85	80	82	90
2	87	83	90	92
3	83	77	86	90
4	80	75	78	85
5	88	90	91	78
6	78	88	87	NA
7	80	81	83	89
8	83	79	80	84

2.1.3 导入 excel 数据

导入 excel 文件中数据最好的办法,就是将 excel 文件另存为一个逗号分隔符文件(csv 文件),然后通过导入 CSV 的方式将数据进行导入。

另外,在 windows 32 位系统中,我们可以使用 RODBC 包来访问 Excel 文件,在 EXCEL 的第一行应当包含变量的名称。RODBC 包并不是默认安装的,因此需要先下载安装。然后再通过 odbcConnectExcel()进行导入。

```
install.packages("RODBC")
library(RODBC)
channel <- odbcConnectExcel("d:/Rbook/myfile.xls")
mydataframe <- sqlFetch(channel, "mysheet")
odbcClose(channel)
```

上例中的 myfile.xls 是一个 excel 文件,mysheet 是要从这个工作簿中读取工作表的名称,channel 是一个又 odbcConnectExcel()返回的 RODBC 连接对象,mydataframe 是返回的数据框。RODBC 也可以从 Microsoft Access 导入数据。更多详情,参见 help(RODBC)。

但是对于 64 位系统,使用 RODBC 读取 excel 文件可能会存在一些问题,我们可以用 XLconnect 来解决这个问题,使用方法与 XLconnect 差不多,无论是 xls 还是 xlsx 文件都能成功建立链接,并读取数据。

```
install.packages("XLConnect")
library(RODBC)
channel2 < -  loadWorkbook("d:/Rbook/myfile.xls");
readWorksheet(xls, '统计表');
```

还有专门用于导入导出及格式化 EXCEL 文件的 xlsx 包，但是该包必须依赖于 xlsxjars 和 rJava 两个包，我们首先来看一个简单的例子。

已有的数据保存在 result.xlsx 文件中，数据如图 2－3 所示：

	A	B	C	D	E	F	G
1	Sample	Year	Month	Location	Sex	GSI	
2	1	1	1	1	2	10.4432	
3	2	1	1	3	2	9.8331	
4	3	1	1	1	2	9.7356	
5	4	1	1	1	2	9.3107	
6	5	1	1	1	2	8.9926	
7	6	1	1	1	2	8.7707	
8	7	1	1	1	2	8.2576	
9	8	1	1	3	2	7.4045	
10	9	1	1	3	2	7.2156	
11	10	1	2	1	2	6.8372	
12							

图 2－3　保存在 Excel 中的数据

我们可以采用如下代码进行数据导入：

```
library("rJava")
library("xlsxjars")
library("xlsx")
setwd("d:/RBook/")
test2 < -  read.xlsx("result.xlsx",1)
test2
        Sample  Year  Month  Location  Sex      GSI
1          1     1      1        1      2    10.4432
2          2     1      1        3      2     9.8331
3          3     1      1        1      2     9.7356
4          4     1      1        1      2     9.3107
5          5     1      1        1      2     8.9926
```

6	6	1	1	1	2	8.7707
7	7	1	1	1	2	8.2576
8	8	1	1	3	2	7.4045
9	9	1	1	3	2	7.2156
10	10	1	2	1	2	6.8372

我们看到，read.xlsx()函数仅用了两个参数，第一个参数是文件名，第二个参数是导入的sheet的序号,在上例中，我们导入了result.xlsx中的sheet1(sheet1是该excel文件中的第一个sheet)中的数据。其实xlsx包还提供了其他很多有用的函数来操作excel中的数据,比如比read.xlsx()效率更高的read.xlsx2()等，有兴趣的读者可以通过xlsx()来查看其帮助文件。

2.1.4 导入数据库数据

对于一些需要长期更新、保存的大数据,最好储存在关系数据库中,R中有很多面向关系型数据库管理系统(DBMS)的接口,包括 Microsoft SQL Server、Microsoft Access、MySQL、Oracle、PostgreSQL、DB2、Sybase以及SQLite等。我们可以通过不同的包来访问这些数据库中的数据,比如 RMySQL、ROracle、RPostgreSQL 和 RSQLite,这些包都为对应的数据库提供了原生的数据库驱动。

对于 MySQL 数据库,首先加载 DBI 包及 RMySQL 包,然后连接数据库,再根据需要进行数据查询并保存,然后对取回的数据进行操作。我们假设安装 mySQL 时,设置 user 的 root 密码是六个1,并且已经在 mySQL 中建立了一个名为 test 的数据库,里面有一个表 hi,里面有三个字段是 name,age,sex 则在 R 中查询按照年龄降序排列的代码如下：

```
library(RMySQL)
con <- dbConnect(MySQL(),user="root",password="111111",dbname="test")
table.names <- dbListTables(con)
fields.names <- dbListFields(con,"hi")
dbSendQuery(con,'SET NAMES gbk') # 注意该行代码是告诉通过什么字符集来获取数据库字段,gbk或者utf8与你当初设置保持一致
res <- dbSendQuery(con,"select * from hi order by age")
dat <- fetch(res)
dat
dbSendQuery(con,"insert into hi values('阿明',28,'男')")
res <- dbSendQuery(con,"select * from hi order by age")
dat <- fetch(res)
dbDisconnect(con)
```

除了各种 DBI 包外,在 R 中还可以通过 RODBC 包来访问各种数据库,这种方式允许 R 连接到任意一种拥有 ODBC 驱动的数据库,比如前面所提到的 mysql,甚至是 excel(可以从前面的例子中读到部分代码)。

RODBC 包中的主要函数见表 2-2:

表 2-2　RODBC 包中的主要函数列表

函　　数	描　　述
odbcConnect(dsn, uid = " ", pwd = " ")	建立一个到 ODBC 数据库的连接
sqlFetch(channel, sqltable)	读取 ODBC 数据库中的某个表到一个数据集中
sqlQuery(channel, query)	向 ODBC 数据库提交一个查询并返回结果
sqlSave(channel, mydf, tablename = sqltable, append = FALSE)	将数据集写入或更新(append = TRUE)到 ODBC 数据库的某个表中
sqlDrop(channel, sqltable)	删除 ODBC 数据库中的某个表
close(channel)	关闭连接

RODBC 包允许 R 和一个通过 ODBC 连接的 SQL 数据库之间进行双向通信。这就意味着我们不仅可以读取数据库中的数据到 R 中,同时也可以使用 R 修改数据库中的内容。假设我们要将某个数据库中的两个表(table1 和 table2)分别导入 R 中的两个名为 tabledat1 和 tabledat2 的数据框,可以使用如下代码:

```
library(RODBC)
myconn <- odbcConnect("mydsn", uid= "xzq", pwd= "fleecy")
tabledat1 <- sqlFetch(myconn, table1)
tabledat2 <- sqlQuery(myconn, "select * from tabledat2")
close(myconn)
```

上面的例子首先载入了 RODBC 包,并通过一个已注册的数据源名称(mydsn)和用户名(xzq)和密码(fleecy)打开了一个 ODBC 连接。连接字符串被传递给 sqlFetch,它将 table1 表中的数据复制到 R 数据框 tabledat1 中,然后对 table2 表执行了 SQL 语句 select 并将结果保存到数据框 tabledat2 中,最后关闭连接。

函数 sqlQuery()非常强大,因为其中可以插入任意的有效 SQL 语句,这种灵活性赋予了我们选择指定变量、对数据取子集、创建新变量,以及重编码和重命名现有变量的能力。

2.1.5 导入其他统计工具数据

可以通过 foreign 包来对其他统计工具中的数据进行导入。如导入 SPSS 数据可以用 read.spss()，导入 SAS 数据用 read.ssd()，导入 Stata 数据用 read.dta()，示例如下：

```
library(foreign)
mydata < - read.dta("myfile.dta")
```

如果 SAS 的版本较新，可能对应的函数无法使用，这时可以在 SAS 中使用 PROC EXPORT 将 SAS 数据集保存为一个逗号分隔的文本文件，然后再将其导入到 R 中。

2.1.6 包含在 R 中的数据

R 的基本包里有一个 datasets，里面包含了示例数据集，同时在其他一些包中也常含有一些数据集用于代码的测试，使用 data() 函数可以查看所有已加载了的包的数据集：

```
data()
```

图 2-4　已加载了的包的数据集

如果需要更完整的列表,包括已安装的所有包的数据,可以使用以下方法:

```
data(package = .packages(TRUE))
```

如果想调用数据集中的数据,只需要通过 data 函数,传入数据集的名称及其所在包名(如果此包已被加载,可省略这个 packages 参数)。如调用上图中最后一个数据集 women:

```
data("women")
```

这个时候,就可以把 women 的数据框当成自己的变量来使用了,比如:head(women) 可以看到如下数据:

```
  height weight
1     58    115
2     59    117
3     60    120
4     61    123
5     62    126
6     63    129
```

可以直接利用这些数据进行绘图操作:

```
plot(women)
```

得到图形如图 2-5 所示:

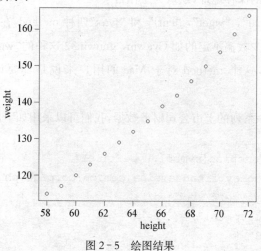

图 2-5 绘图结果

2.1.7 导入互联网数据

互联网上有很多数据,有时候他们整齐地存储在 HTML 列表里,我们可以很轻松地复制下来,如果无法复制,我们也有办法通过分析网页的文本抓取下来,但是如果数据存储的格式不太规范,就需要通过自己编写函数来进行数据的抓取和处理,才能获得可用的数据。

首先看看如何下载网页表格中的数据,我们可以用 XML 包中 readHTMLTable() 函数来直接读取,该函数的用法如下:

```
readHTMLTable(doc, header = NA,
        colClasses = NULL, skip.rows = integer(), trim = TRUE,
        elFun = xmlValue, as.data.frame = TRUE, which = integer(),
        ...)
```

为了应对需要下载多个文件的情况,R 提供了函数 download.file(),使得 R 可以从互联网上直接把数据拽下来。其调用格式为:

```
download.file(url, destfile, method, quiet = FALSE, mode = "w",
        cacheOK = TRUE,
        extra = getOption("download.file.extra"))
```

主要的参数为:

url:文件的所在地址

destfile:下载后文件的保存地址,默认为工作目录

method:提供"internal"、"wget"、"curl"和"lynx"四种 method,在 windows 上通常 internal 就能解决大多数的问题,少数搞不定的如 Cygwin, gnuwin32 这种的"wget"就可以搞定;windows 的二进制文件用"curl",这个 method 对于 Mac 的用户来说是都要设置的;"lynx"主要针对 historical interest。

比如说我们要获取一系列的上市公司财务数据,我们可以采用如下函数:

```
getsheets <- function(symbol,type,file){
  pre= "http://money.finance.sina.com.cn/corp/go.php/vDOWN_";
  mid= "/displaytype/4/stockid/";
  end= "/ctrl/all.phtml";
  if(type= = "BS"){
```

```
    url= paste(pre,"BalanceSheet",mid,symbol,end,sep= "");
    destfile= paste(file,"BalanceSheet_",symbol,".xls",sep= "");
  }
  if(type= = "PS"){
    url= paste(pre,"ProfitStatement",mid,symbol,end,sep= "");
    destfile= paste(file,"ProfitStatement_",symbol,".xls",sep= "");
  }
  if(type= = "CF"){
    url= paste(pre,"CashFlow",mid,symbol,end,sep= "");
    destfile= paste(file,"CashFlow_",symbol,".xls",sep= "");
  }
  download.file(url, destfile);
}

# 下载000065的资产负债表,并存放在D盘
getsheets("000065","BS","D://")
```

上述代码中,symbol 我们用来表示股票代码;type 表示报表类型,BS 为资产负债表,PS 为利润表,CF 为现金流量表;file 表示存储下载文件的地址,比如 file = "D://"。最后我们用自己编写的 getsheets()函数下载了代码为000065的股票的资产负债表,存放于D盘下。

2.2 数据输出

前面都是介绍如何将其他各种数据导入R中,但有时候你可能需要将R中的数据导出,实现数据的保存或者是在外部程序中使用,导出数据的方法和导入数据的方法类似,下面介绍将R中的数据输出为符号分隔的文本文件、EXCEL 文件或其他统计学程序,如 SPSS、SAS 等。

可以用 write.table()函数将R中的数据输出到符号分隔文件中。函数使用方法是:
write.table(x, outfile, sep = delimiter, quote = TRUE, na = "NA")
其中 x 是要输出的对象,outfile 是目标文件。例如:

```
write.table(mydata, "mydata.txt", sep= ",")
```

会将 mydata 数据集输出到当前目录下逗号分隔的 mydata.txt 文件中。用路径(例如 D:/Rbook/mydata.txt 可以将输入文件保存到工作目录外的其他路径中)。用 sep = "\t"替换sep =

",",数据就会保存到制表分隔符的文件中。默认情况下,字符串是放在引号("")中的,缺失值用 NA 表示。

另外,也可以通过 xlsx 包中的 write.xlsx()将 R 中的数据写入到 Excel 2007 文件中,该包同样需要先进行下载安装。使用方法为:

library(xlsx)

write.xlsx(x, outfile, col.Names = TRUE, row.names = TRUE,
        sheetName = "Sheet 1", append = FALSE)

例如:

```
library(xlsx)
write.xlsx(mydata, "mydata.xlsx")
```

上述代码会将数据集保存在当前目录下的 mydata.xlsx 的工作表(默认是 sheet 1)中。默认情况下,数据集中的变量名会被作为电子表格的头部,行名称会放在电子表格的第一列。另外,函数 sink()也可用于数据的输出,其用法如下:

sink(file = NULL, append = FALSE, type = c("output", "message"),
    split = FALSE)

```
sink("sink- examp.txt")
i <- 1:10
outer(i, i, "* ")
sink()
```

注意到,最后我们是用 sink()来进行关闭输出,这时候,数据才算是真正地写入到了文件中。

在 foreign 包中的 write.foreign()可以将数据集导出到外部统计软件。这会创建两个文件,一个是保存数据的文本文件,另一个是指导外部统计软件导入数据的编码文件。使用方法如下:

write.foreign(dataframe, datafile, codefile, package = package)

例如:

```
library(foreign)
write.foreign(mydata, "mydata.txt", "mycode.sps", package= "SPSS")
```

上述代码会将数据集导出到当前目录的文本文件 mydata.txt 中,同时还会生成一个用于读取该文件的 SPSS 程序 mycode.sps。package 参数的其他值还有"SAS"和"Stata"。

2.3 图形格式

使用 R 的一个主要目的是绘图。在 R 中生成我们所需的图形后,最后一步是输出图形用以展示,R 提供了多种输出格式,如便携式文档格式 PDF、可缩放矢量图形 SVG、Windows 图元文件 WMF、点阵(PNG/TIFF)文件等。以保存为 PDF 格式文件来举例进行说明:

首先可以使用 pdf()打开 PDF 图形设备,绘制图形,然后用 dev.off()关闭图形设备。这种方法适用于 R 中的大多数图形,包括基础图形和基于网格的图形。我们来看如下的例子:

```
pdf("test.pdf", width = 4, height = 4) # 打开 PDF 图形设备,指定生成的pdf文件名及宽度和高度,单位为英寸
plot(x1, y1) # 进行绘图
dev.off() # 关闭图形设备
```

在工作目录下生成了一个名为 test.pdf 的文件(图 2-6)。其中文件中图形的宽度(width)和高度(height)的单位是英寸。

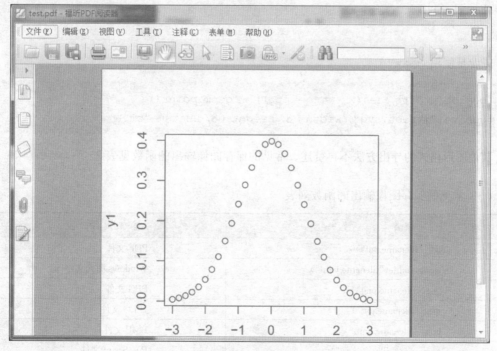

图 2-6 pdf 图像界面

如果使用某个脚本来创建图形,而在图形创建过程中抛出了一个错误,那么 R 可能无法执行到 dev.off() 这一步,并可能停留在 PDF 设备仍然开启的状态。当这种情况发生时,直到去手动调用 dev.off() 之前,PDF 文件将无法正常打开。

如果使用的是 ggplot2 创建图形(后续章节会对该包进行详细介绍),那么使用 ggsave() 会更简单一些。此函数可以简单地保存使用 ggplot() 创建的最后一幅图形。

```
ggplot(mtcars, aes(x= wt, y= mpg)) + geom_point()
ggsave("myplot.pdf", width= 8, height= 8, units= "cm")
```

使用 ggsave() 时,就无需打印 ggplot 对象了,并且如果在创建或保存图形时出现了错误,也无需手动关闭图形设备。不过,ggsave() 不能用于创建多页图形。

另外,如果你使用的是 RStudio 作为集成开发环境,那么在图形绘制窗口,可通过 Export 命令,将图形保存为 PDF 文件(或者是其他图形文件)。

其他图形格式的保存与 PDF 文件保存基本相同,如 SVG 格式可用如下方法:

```
svg("myplot.svg", width= 4, height= 4)
plot(...)
dev.off()
```

或者是使用 ggsave()

```
ggplot(mtcars, aes(x= wt, y= mpg)) + geom_point()
ggsave("myplot.svg", width= 8, height= 8, units= "cm")
```

其他图形格式的导出方法不再赘述。常见的保存图像输出的函数见表 2-3:

表 2-3 常见的保存图像输出的函数列表

函　数	输　出　图　形
pdf("filename.pdf")	PDF 文件
win.metafile("filename.wmf")	Windows 图元文件
png("filename.png")	PBG 文件
jpeg("filename.jpg")	JPEG 文件
bmp("filename.bmp")	BMP 文件
postscript("filename.ps")	PostScript 文件

第二编 核心编

第 3 章 基本绘制

图形工具是 R 环境的一个重要组成部分。R 提供了多种绘图相关的命令,分成三类:

1. 高级绘图命令:在图形设备上产生一个新的图区,它可能包括坐标轴、标签、标题等。

2. 低级绘图命令:在一个已经存在的图上加上更多的图形元素,如额外的点、线和标签。

3. 交互式图形命令:允许交互式地用鼠标在一个已经存在的图上添加图形信息或者提取图形信息。

R 提供了非常丰富的绘图功能,可以通过命令 library(help = "graphics") 来查看 R 的全部绘图函数。

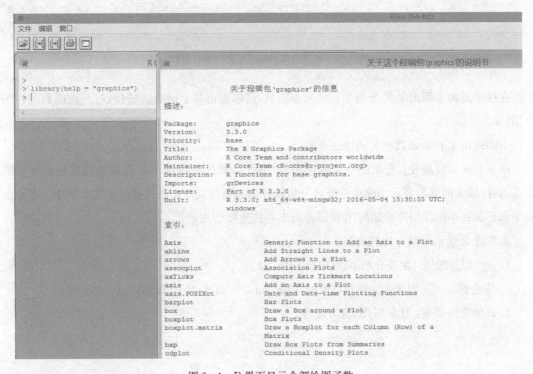

图 3-1 R 界面显示全部绘图函数

也可以使用 help(graphics) 命令打开 R 绘图的在线帮助文档。

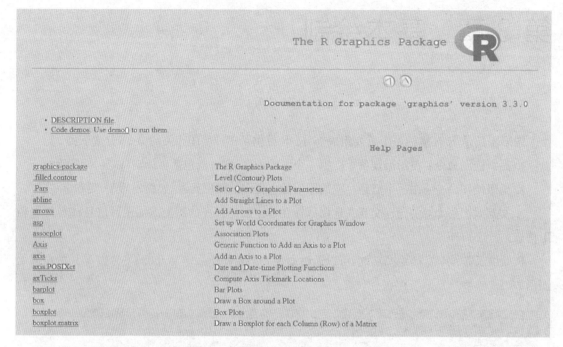

图 3-2　R 界面显示绘图用到的所有函数

在这个页面上列出了 R 绘图用到的所有函数，可以点击某个函数的链接，打开该函数的详细介绍。

下图列出了 plot 函数相关的详细介绍：

图形展示是最高效且形象的数据描述手段，因此巧妙的图像展示是高质量数据分析报告的必备内容，强大的图形展示功能也是统计分析软件的必备功能。R 语言提供了强大功能。本章由简单到复杂和小伙伴们分享如何用 R 语言画出各位想要的图形。

本章将 R 绘图函数分为三大类：

1. plot 相关图表：主要介绍 plot(x)、plot(x,y)。

2. 其他 plot 相关图表：主要介绍形如 XXXplot() 的函数，比如 barplot、boxplot 等。

3. 其他常用图表：比如饼图、直方图等。

图 3-3 R 界面展示 plot 函数相关的详细介绍

3.1 散点图

散点图表示因变量随自变量变化而变化的大致趋势,据此可以选择合适的函数对数据点进行拟合。用两组数据构成多个坐标点,考察坐标点的分布,判断两变量之间是否存在某种关联或总结坐标点的分布模式。散点图将序列显示为一组点。值由点在图表中的位置表示。类别由图表中的不同标记表示。散点图通常用于比较跨类别的聚合数据。

散点图用于试图在横轴及纵轴上绘制数据点,以显示变量之间的相互影响程度。数据表中的每一行都由一个标记表示,此标记的位置取决于其在列(在 X 轴和 Y 轴上设置)中的值。当您想要比较值范围具有明显差异的多个标记时,可在 Y 轴上使用多个刻度。可以设置与标记的颜色或大小(如气泡图)对应的第三个变量,从而向图中添加另一个维度。两个变量之间的关系称为相关性。如果标记与在散点图中绘制的直线接近,这两个变量高度相关。如果标记均匀分布在散点图中,相关性很低或者为零。但是,即使看似可能存在相关性,情况也并非始终如此。这两个变量可以与第三个变量相关联,因此这说明它们的变体(或者纯属巧合)可能会导致表面上相关。

如果在创建分析后应用散点图,则可以显示参照线或多种不同类型曲线的其他信息。例如,这些直线或曲线可以显示数据点与某些多项式曲线拟合的适合程度,或通过使示例数据点集合契合某一模型进行汇总,以在图表的顶部说明数据并显示曲线或直线。曲线通常会根据您在分析中筛选掉的值来更改外观。鼠标悬停时,工具提示将显示曲线的计算方式。

在R语言中,散点图表主要涉及以下函数:

plot(x)　　　　　以x的元素值为纵坐标、以序号为横坐标绘图

plot(x,y)　　　　x(在x-轴上)与y(在y-轴上)的二元作图

函数

```
plot(x,y= NULL,
type= "",
xlim= NULL,
ylim= NULL,
log= "",
main= NULL,
sub= NULL,
xlab= NULL,
ylab= NULL,
ann= par("ann"),
axes= TRUE,frame.
plot= axes,
panel.first= NULL,
panel= last= NULL,
asp= NA)
```

plot(x,y)(其中x,y是向量)对两个变量画散点图。

用plot(z)(其中z是一个定义了x变量和y变量的列表,或者一个两列的矩阵)也可以达到同样目的。

如果 x 是一个时间序列对象(时间序列对象用 ts( )函数生成),则 plot(x)绘制时间序列曲线图。

如果 x 是一个普通向量,则绘制 x 的值对其下标的散点图。

如果 x 是复数向量,则绘制虚部对实部的散点图。

如果 f 是一个因子,则 plot(f)绘制 f 的条形图(每个因子水平的个数)。

如果 f 是因子,y 是同长度的数值向量,则 plot(f,y)对 f 的每一因子水平绘制 y 中相应数值的盒形图。

如果 d 是一个数据框,则 plot(d)对 d 的每两个变量之间作图(散点图等)。

参数

```
plot(x, main= "Graph of x")
```

其中的 main 就是一个可选参数,用来指定图形的标题。没有此选项时图形就没有标题。这样的选项还有

表 3-1 参数列表

参　　数	含　　义
add = T	使函数像低级图形函数那样不是开始一个新图形而是在原图基础上添加。
axes = F	暂不画坐标轴,随后可以用 axis( )函数更精确地规定坐标轴的画法。缺省值是 axes = T,即有坐标轴。
log = "x"　log = "y" log = "xy"	把 x 轴,y 轴或两个坐标轴用对数刻度绘制。
type = 　• type = "p" 　• type = "l" 　• type = "b" 　• type = "o" 　• type = "h" 　• type = "s" 　• type = "S" 　• type = "n"	规定绘图方式: • 绘点 • 画线 • 绘点并在中间用线连接 • 绘点并画线穿过各点 • 从点到横轴画垂线 • 阶梯函数;左连续 • 阶梯函数;右连续 • 不画任何点、线,但仍画坐标轴并建立坐标系,适用于后面用低级图形函数作图。
xlab = "字符串" ylab = "字符串" main = "字符串" sub = "字符串"	定义 x 轴和 y 轴的标签,缺省时使用对象名。 图形的标题;图形的小标题,用较小字体画在 x 轴下方。

示例

下面我们用一个例子来展示不同类型的 plot。这里使用了六种不同的类型,相应的输出如下。

```
plot(1:60,type= "l", main= " type= l " )
plot(1:60,type= "p", main= " type= p ")
plot(1:60,type= "b", main= " type= b ")
plot(1:60,type= "o", main= " type= o ")
plot(1:60,type= "h", main= " type= h ")
plot(1:60,type= "s", main= " type= s ")
```

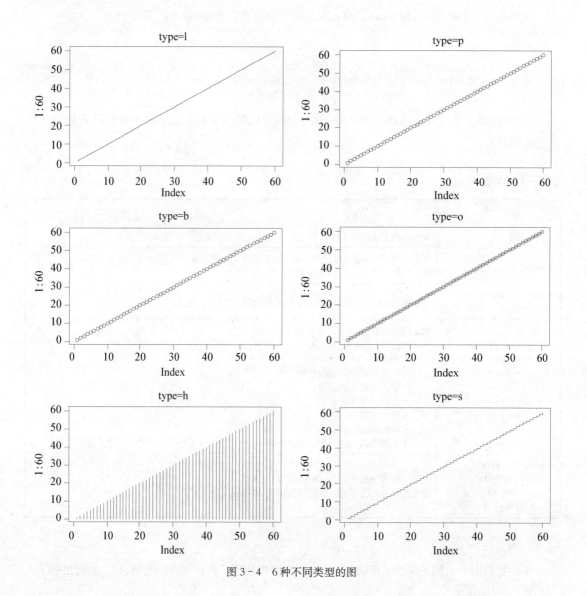

图 3-4　6种不同类型的图

下面的示例我们首先使用系统自带的 data.frame 类型的数据 mtcars，然后为了更清楚展示结果，将数据表按照 wt 列从小到大排序，同时我们设置所有可用的参数，来展示标题，x 轴，y 轴以及比例的使用。

```
attach(mtcars)
class(mtcars)
mtcars
mtcars< - mtcars[order(mtcars$ wt)]
plot(mtcars$ mpg)
plot(mtcars$ wt,mtcars$ mpg)
plot(x= mtcars$ wt,
     y= mtcars$ mpg,
     type= "o",# 线型
     main= "标题",
     sub= "子标题",
     xlab= "x 轴",
     ylab= "y 轴",
     asp= 0.1)# y/x 的比例,y 轴数值长度与 x 轴数值长度的比值
```

输出

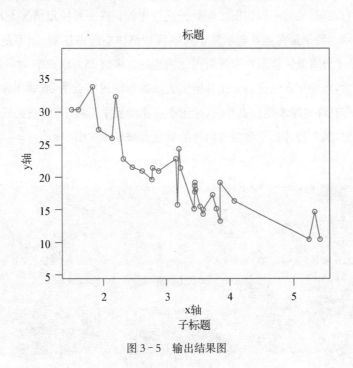

图 3-5　输出结果图

3.2 饼图

饼图,或称饼状图,是一个划分为几个扇形的圆形统计图表,用于描述量、频率或百分比之间的相对关系。在饼图中,每个扇区的弧长(以及圆心角和面积)大小为其所表示的数量的比例。这些扇区合在一起刚好是一个完全的圆形。顾名思义,这些扇区拼成了一个切开的饼形图案。

饼图英文学名为 Sector Graph,又名 Pie Graph。常用于统计学模块。2D 饼图为圆形,手画时,常用圆规作图。

仅排列在工作表的一列或一行中的数据可以绘制到饼图中。饼图显示一个数据系列(数据系列:在图表中绘制的相关数据点,这些数据源自数据表的行或列。图表中的每个数据系列具有唯一的颜色或图案并且在图表的图例中表示。可以在图表中绘制一个或多个数据系列。饼图只有一个数据系列。)中各项的大小与各项总和的比例。饼图中的数据点(数据点:在图表中绘制的单个值,这些值由条形、柱形、折线、饼图或圆环图的扇面、圆点和其他被称为数据标记的图形表示。相同颜色的数据标记组成一个数据系列。)显示为整个饼图的百分比。

饼图在商业领域和大众媒体中几乎无处不在,但很少用于科技出版物。在饼图中很难对不同的扇区大小进行比较,或对不同饼图之间数据进行比较。在一些特定情况下,饼图可以很有效地对信息进行展示。特别是在想要表示某个大扇区在整体中所占比例,而不是对不同扇区进行比较时,这一方法十分有效。饼图在扇区所占比例达到总体的 25% 或 50% 时,可以很好地达到展示的目的。但通常,可能更多情况会采用其他图表如条形图或圆点图,或非图表的方法如表格来表达信息。R 语言有许多库来创建表和图,饼图在商业世界中无处不在,它是通过不同颜色的切片来代表不同的值,其中切片标记和对应切片的数量也被表示在图中。

函数

```
pie(x,
lables= names(x),
edges= 200,
radius= 0.8,
clockwise,FALSE,init.angle= if(clockwise) 90 else 0,
density= NULL,
angle = 45,
col= NULL,
```

```
border = NULL,
lty = NULL,
main= NULL....)
```

参数

x 向量,非负值,描述饼图中的扇形面积或者扇形面积的比例。

labels 表达式或字符串,描述扇形的名称,默认值为 names(x)。

radius 数值,饼图的半径,默认值为 0.8。

clockwise 逻辑变量,FALSE 为逆时针,TRUE 为顺时针。

init.angle 数值,描述饼图开始的角度,逆时针的默认值为 0(3 点位置),顺时针默认为 90(12 点位置)。

density 正整数,阴影线条的密度,表示每英寸的线条个数。

angle 数值或向量,描述扇形阴影线条倾斜角度。

示例

首先是一个简单的例子,我们来展示不同城市的百分比。首先我们创建一个数组 c,里面存储城市对应的数据,然后创建一个对应的字符串数组,来存储对应城市的名字。最后我们调用 pie 函数来绘制这个饼图。

```
x < - c(10,20,60,80)
label < - c("北京","上海","广州","深圳")
pie(x, labels = label)
```

输出

图 3-6 饼图示例输出结果图

基于上述的例子,我们为饼图添加标题和颜色,这里实用的是 terrain.colors 来添加颜色。

```
x < - c(10,20,60,80)
label < - c("北京","上海","广州","深圳")
pie(x, labels= label, main= "城市饼图", col= terrain.colors(length(x)))
```

输出

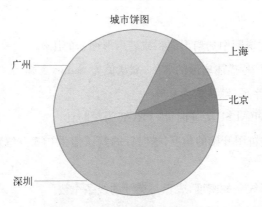

图3-7 饼图示例输出结果图

最后我们为饼图的每个扇形的百分比以及添加图表图例,这里要使用到legend函数,具体的详细介绍可以参考第4章。

```
x < - c(10,20,60,80)
label < - c("北京","上海","广州","深圳")
piepercent< - round(100* x/sum(x), 1)
piepercent < - paste(piepercent, "% ", sep = "")
pie(x,labels= piepercent, main= "城市饼图",col= terrain.colors (length(x)))
legend("bottomleft",label, cex= 0.8, fill= terrain.colors(length(x)))
```

输出

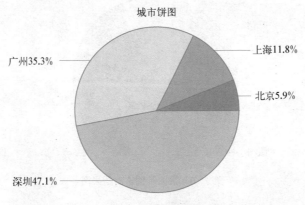

图3-8 饼图示例输出结果图

3.3 箱线图

箱形图(Box-plot)又称为盒须图、盒式图或箱线图,是一种用作显示一组数据分散情况资料的统计图。因形状如箱子而得名。在各种领域也经常被使用,常见于品质管理。

箱线图是利用数据中的五个统计量:最小值、第一四分位数、中位数、第三四分位数与最大值来描述数据的一种方法,它也可以粗略地看出数据是否具有对称性,分布的分散程度等信息,特别可以用于对几个样本的比较。

如图3-9所示,标示了图中每条线表示的含义,其中应用到了分位值(数)的概念。

主要包含六个数据节点,将一组数据从大到小排列,分别计算出他的上边缘,上四分位数Q3,中位数,下四分位数Q1,下边缘,还有一个异常值。

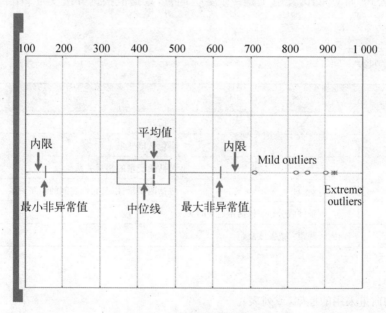

图3-9 箱线图原理演示

函数

```
boxplot(x, ...,
range = 1.5,
width = NULL,
```

```
varwidth = FALSE,
notch = FALSE,
outline = TRUE,
names, plot = TRUE,
border = par("fg"),
col = NULL, log = "",
pars = list(boxwex = 0.8, staplewex = 0.5, outwex = 0.5),
horizontal = FALSE,
add = FALSE,
at = NULL)
```

参数

formula 公式,如 y~grp,其中 Y 是一个数值向量,数据值根据分组变量 grp(通常是一个因素)被分成组。

表 3-2 参数列表

符 号	示 例	意 义
+	+x	包括该变量
-	-x	不包括该变量
:	x:z	包括两变量的相互关系
*	x*z	包括两变量,以及它们之间的相互关系
x|z		条件或分组:包括指定 z 的 x
-1		截距:减去该截距

data 数据

公式中的向量采用的框架(或列表)。

subset 子集

一个可选的向量用来说明用于绘图的观测子集。

na.action

一个函数用来表明当数据包含 NAs 应该发生什么。默认忽略响应或组中的缺失值。

x

用于说明箱线图制作的数据。一个数值向量,或包含这些的向量的一个列表。额外的未具名参数指定进一步数据作为独立的向量(每箱线图对应一个组件)。

对于这个函数方法，命名参数传递给默认方法。

对于默认方法，未命名参数是额外的数据向量(除非 x 是一个列表时忽略)，并且命名参数是参数和图形参数被传递给 bxp 除了那些由参数 pars(和覆盖的 pars)。注意，bxp 可能会或可能不会利用图形参数传递：参见它的文档。

range

这决定了图线从盒子里延伸出多远。如果范围是正的，图线延伸到最极端值点，不超过盒子四分位线的范围。值为零导致图线扩展到数据极端值。

width

表示画图的箱子的相对宽度的向量。

varwidth

如果方框宽的值是真，盒子是用与观察组的数量的平方根成正比的宽度来绘制。

notch

如果缺口值是真，缺口被画在盒子的每条边上。如果两张图的缺口不重叠，说明这两个中位数不同。

outline

如果轮廓值不真，异常值不会被画出来。

names

小组标签将印在每个箱线图。可以是一个特征向量或一个表达式。

boxwex

一个比例因子应用于所有盒子。当只有几组，图形的外观提高可以通过使箱子更窄来实现。

staplewex

主要线宽扩大，与盒子宽度成正比。

outwex

异常值线宽扩大，与盒子宽度成正比。

示例

```
X1 < - c(10, 20, 33, 78, 90, 22)
X2 < - c(80.22, 98.01, 77.45, 87.12, 33.56)
boxplot(X1, X2, names= c("X1", "X2"), col= c(2,3))
```

输出

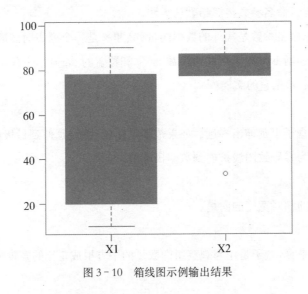

图 3-10 箱线图示例输出结果

3.4 条形图

列在工作表的列或行中的数据可以绘制到条形图中。条形图显示各个项目之间的比较情况。

使用条形图的情况：

1. 轴标签过长。
2. 显示的数值是持续型的。

条形图具有下列图表子类型：

簇状条形图和三维簇状条形图：簇状条形图比较各个类别的值。在簇状条形图中，通常沿垂直轴组织类别，而沿水平轴组织数值。三维簇状条形图以三维格式显示水平矩形，而不以三维格式显示数据。

堆积条形图和三维堆积条形图：堆积条形图显示单个项目与整体之间的关系。三维堆积条形图以三维格式显示水平矩形，而不以三维格式显示数据。

百分比堆积条形图和三维百分比堆积条形图：此类型的图表比较各个类别的每一数值所占总数值的百分比大小。三维百分比堆积条形图表以三维格式显示水平矩形，而不以三维格式显示数据。

水平圆柱图、圆锥图和棱锥图、水平圆柱图、圆锥图和棱锥图可以使用为矩形条形图提供的簇状图、堆积图和百分比堆积图,并且它们以完全相同的方式显示和比较数据。唯一的区别是这些图表类型显示圆柱、圆锥和棱锥形状而不是水平矩形。

创建一个纵向或横向的条形。柱状图是一种以长方形的长度为变量的统计图表。长条图用来比较两个或以上的价值(不同时间或者不同条件),只有一个变量,通常利用于较小的数据集分析。长条图亦可横向排列,或用多维方式表达。

函数

```
Barplot(height, width = 1,
 space = NULL,
 names.arg = NULL,
 legend.text = NULL,
 beside = FALSE,
 horiz = FALSE,
 density = NULL,
 angle = 45,
 col = NULL,
 border = par("fg"),
 main = NULL,
 sub = NULL,
 xlab = NULL,
 ylab = NULL,
 xlim = NULL, y
 lim = NULL,
 xpd = TRUE,
 log = "",
 axes = TRUE,
 axisnames = TRUE,
 cex.axis = par("cex.axis"),
 cex.names = par("cex.axis"),
 inside = TRUE,
 plot = TRUE,
 axis.lty = 0,
```

```
    offset = 0,
    add = FALSE,
    args.legend = NULL, ...)
```

参数

height 向量或矩阵,描述条形的长度。

width 数值或向量,描述条形的宽度(默认 1)。

space 数值,描述条形之间的空白的宽度,默认值为 NULL。

legend.text 字符串,图例说明。

beside 逻辑变量,FALSE 重叠,TRUE 平行排列。

horiz 逻辑变量,FALSE 竖条,TRUE 横条。

示例

```
require(grDevices) # for colours[对色彩]
tN <- table(Ni <- stats::rpois(100, lambda= 8))
barplot(tN, col= rainbow(30))
barplot(tN, space = 2.5, axisnames= FALSE, sub = "barplot(space= 2.5,
   axisnames = FALSE)")
barplot(tN, border = "dark blue", sub = "border dark blue")
barplot(tN, col= heat.colors(12), log = "y", sub = "日志尺度")
```

输出

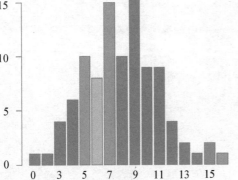
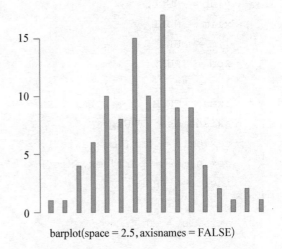

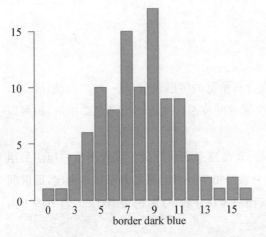
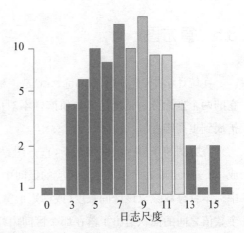

图 3-11 条形图示例结果图

下面是一个综合示例,我们绘制 3 个条,分别是 x,y,z。图例使用 A,B。

```
barplot(height = cbind(x = c(485, 91) / 485 * 100,
                y = c(940, 200) / 940 * 100,
                z = c(57, 17) / 57 * 100),
     beside = FALSE, width = c(485, 940, 57), col = c(1, 2), legend.
text = c("A", "B"), args.legend = list(x = "topleft"))
```

输出

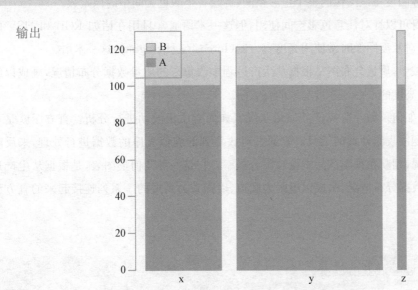

图 3-12 条形图示例结果图

3.5 直方图

在统计学中,直方图(Histogram)是一种对数据分布情况的图形表示,是一种二维统计图表,它的两个坐标分别是统计样本和该样本对应的某个属性的度量。直方图通常是二维的,但可以扩展到更高维度。

直方图与条形图的区别在于,直方图是用面积而非高度来表示数量。直方图由一组矩形组成,每一个矩形的面积表示在相应的区间中样本百分数。每个矩形的高度表示样本密度,即区间中样本百分数除以该区间长度(或称矩形宽度)。其面积为百分数,总面积为100%。直方图下两个数值之间的面积给出了落在那个区间内样本百分数。

图像直方图(Image Histogram)是用以表示数字图像中亮度分布的直方图,标绘了图像中每个亮度值的像素数。可以借助观察该直方图了解需要如何调整亮度分布。这种直方图中,横坐标的左侧为纯黑、较暗的区域,而右侧为较亮、纯白的区域。因此,一张较暗图片的图像直方图中的数据多集中于左侧和中间部分;而整体明亮、只有少量阴影的图像则相反。

很多数码相机提供图像直方图功能,拍摄者可以通过观察图像直方图了解到当前图像是否过分曝光或者曝光不足。

在图像处理和摄影领域中,颜色直方图(Color Histogram)指图像中颜色分布的图形表示。数字图像的颜色直方图覆盖该图像的整个色彩空间,标绘各个颜色区间中的像素数。

颜色直方图本身可以针对任意色彩空间使用,但这一术语通常只用在诸如 RGB 和 HSV 的三维色彩空间,而针对灰度图像时常使用亮度直方图(Intensity Histogram)这一术语。

在质量管理领域中,质量分布图是根据从生产过程中收集来的质量数据分布情况,画成以组距为底边、以频数为高度的一系列连接起来的直方图。

在质量管理中,如何预测并监控产品质量状况?如何对质量波动进行分析?直方图就是一目了然地把这些问题图表化处理的工具。它通过对收集到的貌似无序的数据进行处理,来反映产品质量的分布情况,判断和预测产品质量及不合格率。它是一种几何形图表,是根据从生产过程中收集来的质量数据分布情况,画成以组距为底边、以频数为高度的一系列连接起来的直方型矩形图。

函数

```
hist(x,breaks = "Sturges",
     freq = NULL, probability = ! freq,
```

```
              include.lowest = TRUE, right = TRUE,
              density = NULL, angle = 45, col = NULL, border = NULL,
              main = paste("Histogram of", xname),
              xlim = range(breaks), ylim = NULL,
              xlab = xname, ylab,
              axes = TRUE, plot = TRUE, labels = FALSE,
              nclass = NULL, warn.unused = TRUE, ...)
```

参数

x 直方图所需的矢量的值。

breaks 可以取以下值：

代表直方图单元之间的断点的向量；

计算断点向量的函数；

提供直方图的单元格数的单一数字；

用来命名计算单元格数目算法的字符串（见"细节"）；

一个计算单元格数目的函数。

freq

这是一个逻辑值；如果是真，直方图图表则表示频率，结果的计数部分；如果假，概率密度、组件密度，被绘制出来（因此，直方图有一个总面积）。当且仅当中断等距时默认为真（和概率不确定）。

include.lowest

逻辑值，如果真，x[i]等价于被包括在第一条（或延迟，当 right = 假）的中断值。除非中断不是一个向量否则这将被忽略（与警告）。

right

逻辑值；如果是真，直方图的单元格是 right－关闭（left 打开）间隔。

density

每英寸阴影线的密度。默认值为零意味着没有阴影线被绘制。密度不是正值也阻止了阴影线的绘制。

angle

阴影线的斜率，是一个给定的角度（逆时针方向）。

col

用来填充线条的颜色。NULL 默认产生没有填充的线条。

示例

```
hist(mtcars$ mpg, breaks= 20)
```

输出

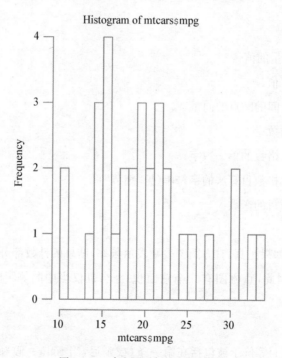

图 3-13　直方图示例输出结果图

3.6　QQ 图

在统计学中,QQ 图(Q 代表分位数 Quantile)是一种通过画出分位数来比较两个概率分布的图形方法。首先选定区间长度,点(x,y)对应于第一个分布(x 轴)的分位数和第二个分布(y 轴)相同的分位数。因此画出的是一条含参数的曲线,参数为区间个数。

如果被比较的两个分布比较相似,则其 QQ 图近似地位于 y = x 上。如果两个分布线性相

关,则 QQ 图上的点近似地落在一条直线上,但并不一定是 y = x 这条线。QQ 图同样可以用来估计一个分布的位置参数。

QQ 图可以比较概率分布的形状,从图形上显示两个分布的位置,尺度和偏度等性质是否相似或不同。它可以用来比较一组数据的经验分布和理论分布是否一致。另外,QQ 图也是一种比较两组数据背后的随机变量分布的非参数方法。一般来说,当比较两组样本时,QQ 图是一种比直方图更加有效的方法,但是理解 QQ 图需要更多的背景知识。

在构建的主要步骤是一个 QQ 位数的计算或估计要绘制。如果一个或两个轴的一个 QQ 图是基于一个理论分布与连续累积分布函数(CDF),所有位数的定义,是唯一可以通过反相的累积分布函数。如果一个理论概率分布不连续的累积分布函数是其中的两个分布进行比较,所以部分的位数不能定义,所以一插分量可能被绘制。如果 QQ 图是根据数据,有多个分位数估计的使用。QQ 号绘制形成规则位数时必须估计或插被称为绘制位置。

QQ 标准是一个泛型函数,它的默认方法产生一个普通的 y 值的 QQ 的图,QQ 线添加一行"理论",默认情况下正常,分位数传递给分位数概率。默认第一和第三、四分位数。

QQ 图产生一个两个数据集的 QQ 图。

函数

```
qqnorm(y, ylim, main = "Normal Q-Q Plot", xlab = "Theoretical Quantiles", ylab = "Sample Quantiles", plot.it = TRUE, datax = FALSE, ...)
qqline(y, datax = FALSE, distribution = qnorm, probs = c(0.25, 0.75), qtype = 7, ...)
qqplot(x, y, plot.it = TRUE, xlab = deparse(substitute(x)), ylab = deparse(substitute(y)), ...)
```

参数

x

QQ 图的首个样本。

y

第二个或唯一一个数据样本。

xlab, ylab, main

图标签。当数据 x = TRUE 时,xlab 和 ylab 分别指的是 x 和 y 轴。

plot.it

逻辑值,结果是否应该被画图。

datax

逻辑值。数据值是否应该在 x 轴上。

distribution

分位数函数参见理论分布。

probs

长度为 2 的数值向代表概率。相应的分位数对定义绘制的线。

qtype

分位数计算中使用分位数的类型。

示例

```
y <- rt(200, df = 5)
qqnorm(y); qqline(y, col = 2)
qqplot(y, rt(300, df = 5))
```

输出

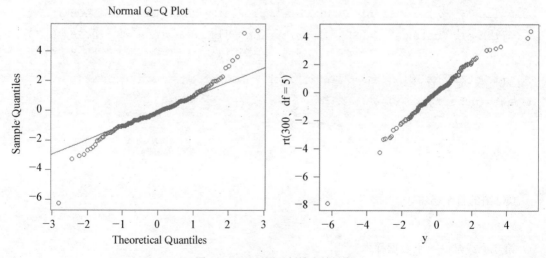

图 3-14 QQ 图示例输出结果图

3.7 其他图表

3.7.1 协同图

协同图(coplot)是一种多变量的探索性分析图形。其形式为 coplot(y ~ x | z)，其中 x 和 y 是数值型向量，z 是同长度的因子。对 z 的每一水平，绘制相应组的 x 和 y 的散点图。

函数

```
coplot(formula,data,given.values,
panel= points,row,columns,
show.given= TRUE,
col= par("fg"),
pch= par("pch"),
bar.bg= c(num= gray(0.8),
fac= gray(0.95)),
xlab= c(x.name,
paste("Given:",a.name)),
ylab= c(y.name,paste("Given:",b.names)),
subscripts= FALSE,
axlabs= function(f) abbreviate(levels(f)),
number= 6,overlap= 0.5,xlim,ylim)
```

参数

formula 公式如"y~x|a*b"表示两个条件变量。

data 数据框

panel 函数，绘制面板数据的方法，默认为 points。

如果 z 是一个数值型变量，则 coplot() 先对 z 的取值分组，然后对 z 的每一组取值分别绘图。甚至可以用如 coplot(y~x | x1 + x2)表示对 x1 和 x2 的每一水平组合绘图。

示例

```
x= 1:9
y= 5:13
z= x+ y
coplot(x~ y|z)
```

输出

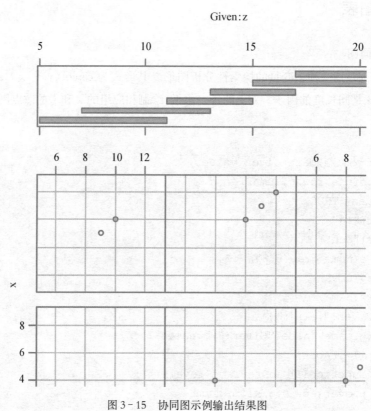

图 3-15 协同图示例输出结果图

3.7.2 星相图

函数

```
stars(x, full = TRUE, scale = TRUE, radius = TRUE,
      labels = dimnames(x)[[1]], locations = NULL,
      nrow = NULL, ncol = NULL, len = 1,
      key.loc = NULL, key.labels = dimnames(x)[[2]],
      key.xpd = TRUE,
      xlim = NULL, ylim = NULL, flip.labels = NULL,
      draw.segments = FALSE,
      col.segments = 1:n.seg, col.stars = NA, col.lines = NA,
```

```
              axes = FALSE, frame.plot = axes,
              main = NULL, sub = NULL, xlab = "", ylab = "",
              cex = 0.8, lwd = 0.25, lty = par("lty"), xpd = FALSE,
              mar = pmin(par("mar"),
                        1.1+ c(2* axes+ (xlab ! = ""),
                        2* axes+ (ylab ! = ""), 1, 0)),
              add = FALSE, plot = TRUE, ...)
```

参数

x

矩阵或数据帧的数据。一个星或部分图将为每一行生成 x。缺失值（NA）是允许的，但他们被视为 0（缩放后，如果相关）。

full

逻辑标志：如果是真，这部分图会占据一个完整的圆形。否则，他们只占据（上）半个圆形。

scale

逻辑标志：如果是真，数据矩阵独立分割，这样每一列的最大值为 1，最小值为 0。如果是假，假设数据已经被其他一些其他算法扩展到范围 [0，1]。

radius

逻辑标志：如果是真，半径对应每个向量的数据。

labels

字符串的向量标识图。与 S 函数星不同，如果标签 = NULL 没有尝试构建标签。

len

半径长或段长比例因子。

key.loc

单元键 x 和 y 坐标的向量。

key.xpd

断开单元键的转换（图和标签），参见 par(xpd)。

示例

```
require(grDevices)
stars(mtcars[, 1:7],
key.loc = c(14, 2),
```

```
    main = "Motor Trend Cars : stars(* , full = F)",
    full = FALSE)
stars(mtcars[, 1:7],
key.loc = c(14, 1.5),
main = "Motor Trend Cars : full stars()",
flip.labels = FALSE)
```

输出

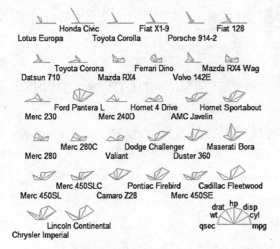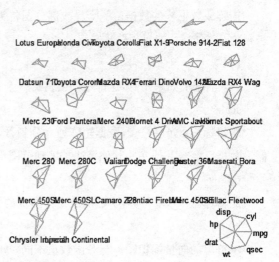

图 3-16　星象图示例输出结果图

3.7.3　热度图

函数

```
heatmap(x, Rowv = NULL,
        Colv = if(symm)"Rowv" else NULL,
        distfun = dist,
        hclustfun = hclust,
        reorderfun = function(d, w) reorder(d, w),
```

```
                add.expr, symm = FALSE,
                revC = identical(Colv, "Rowv"),
                scale = c("row", "column", "none"),
                na.rm = TRUE,
                margins = c(5, 5),
                ColSideColors,
                RowSideColors,
                cexRow = 0.2 + 1/log10(nr),
                cexCol = 0.2 + 1/log10(nc),
                labRow = NULL, labCol = NULL, main = NULL,
                xlab = NULL, ylab = NULL,
                keep.dendro = FALSE,
                verbose = getOption("verbose"),
                ...)
```

参数

x

绘图值的数字矩阵。

Rowv

确定是否以及如何计算行系统树图和重新排序。要么是系统树图或一个数值向量的值被用于重新排序行系统树图或 NA 抑制任何行系统树图(和重新排序)或在默认情况下空。

Colv

确定系统树图如何以及是否应该重新排序。有和如上 Rowv 参数相同的选项或者当 x 是一个方阵,Colv = "Rowv"意味着列应该与行被相同对待（如果是没有行系统树图将也没有一列）。

distfun

用于计算两种行和列之间的距离(不同)的函数。默认为距离。

hclustfun

当 Rowv 或 Colv 不是系统树图用于计算分层聚类的函数。默认为 hclust。应该拿来作为参数 distfun 的结果并且返回一个对象。系统树图可以被应用。

reorderfun

函数(d,w)表示系统树图并且重新排序的行和列系统树图的权重。默认使用重新整理系统树图。

add.expr

调用图像后将评估的表达式,可以用来将组件添加到图。

symm

逻辑表明如果 x 对称,只有当 x 是一个方阵才能为真。

revC

逻辑表明如果列顺序应该为绘图翻转,比如:对称的情况下,对称轴是像往常一样。

scale

字符表示值是否应该被集中或者被扩展为行或列方向,或什么都没有。默认的是"行",如果 symm 为假或者"none",反之。

na.rm

逻辑表明 NA 的是否应该被删除。

margins

长度为 2 的数值向量分别包含边缘(见标准(mar = *))的列和行名称。

ColSideColors

(可选的)字符的向量长度 ncol(x)包含可用于注释 x 的列的水平侧栏的颜色名称。

RowSideColors

(可选的)字符的向量长度 nrow(x)包含可用于注释的行 x 的垂直侧边栏的颜色名称。

cexRow,cexCol

正数,用作 cex。轴的行或列用轴标签。目前默认分别只使用的行数或列。

labRow,labCol

特征向量与行和列标签的使用;这些分别默认为行名(x)或列名(x)。

示例

```
require(graphics); require(grDevices)
x <- as.matrix(mtcars)
rc <- rainbow(nrow(x), start = 0, end = .3)
cc <- rainbow(ncol(x), start = 0, end = .3)
hv <- heatmap(x, col = cm.colors(256), scale = "column",
              RowSideColors = rc, ColSideColors = cc, margins = c(5,10),
              xlab = "specification variables", ylab =  "Car Models",
              main = "heatmap(< Mtcars data, ..., scale = \"column\")")
```

输出

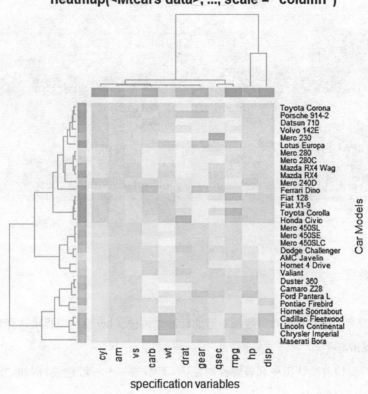

图 3-17　热度图示例输出结果图

3.7.4　密度图

函数密度计算核密度估计。其默认方法这样做，为观察给定的内核和带宽。

该算法用于密度。默认分散至少 512 点的正则网格的质量经验分布函数的，然后使用快速傅里叶变换与离散卷积这个近似版本的内核，然后在指定的点使用线性近似计算密度。

内核的统计特性是由 $sig^2(K) = int(t^2 K(t)dt)$ 决定，这对内核总是 = 1（因此带宽 bw 是内核的标准差）和 $R(K) = int(K(t)^2 dt)$。

MSE-equivalent 带宽（不同的内核）是成正比的 $sig(K)R(K)$ 规模不变，为内核等于 R(K)。返回这个值。Rkern = TRUE。参见使用精确等效带宽的例子。

无限值 x 被认为对应于一个质点在正/负无穷并且密度估计是 sub-density（负无穷，正无穷）。

函数

```
density(x, ...)
# # Default S3 method:
density(x, bw = "nrd0", adjust = 1,
        kernel = c("gaussian", "epanechnikov", "rectangular",
                   "triangular", "biweight",
                   "cosine", "optcosine"),
        weights = NULL, window = kernel, width,
        give.Rkern = FALSE,
        n = 512, from, to, cut = 3, na.rm = FALSE, ...)
```

参数

x

估计计算的数据。

bw

使用的平滑带宽。内核被扩展，致使平滑的标准差内核。bw 也可以提供选择带宽的规则的字符串。参见 bw.nrd。

默认，"nrd0"，保持着默认历史和兼容性的原因，而不是一个一般建议，例如，"SJ"更适合，参见 Venables 和 Ripley（2002）。

指定（或计算）的 bw 值调整加倍。

adjust

所使用的带宽实际上是 * bw。这使得它更容易成为指定值像"默认一半"的带宽。

kernel，window

一个字符串表示平滑内核。这部分必须匹配"高斯"之一、"矩形"、"三角形"、"epanechnikov"、"biweight"、"余弦"或"optcosine"，默认"高斯"，可能缩写成一个独特的前缀（单个字母）。

"余弦"比"optcosine"平滑，这是通常在文献中的余弦内核，并且总是 MSE-efficient。然而，"余弦"是 S 使用的版本。

weights

非负观测权重的数值型向量，因此与 x 相同长度。默认空相当于权重＝rep(1／nx，nx)nx 的长度是 x[]（有限项的）。

width

存在和 S 兼容性,如果有并且 bw 没有,如果这是一个字符串将赋予 bw 宽度值,否则如果是数值型内核-独立加倍宽度。

give.Rkern

逻辑值;如果是真,没有密度估计,选择返回内核的规范化带宽。

n

等距的点密度估计的数量。当 n 512,在计算中(当使用快速傅里叶换算法)数量追到 2 次幂,并且最终结果大致修改。指定 n 为 2 次幂几乎总是有意义。

from,to

左边和最右边的点的网格密度估计;范围以外的默认减少 * bw(x)。

na.rm

逻辑值;如果是真,缺失值从 x 移除。如果假,任何缺失的值导致一个错误。

示例

```
plot(density(rnorm(1000)))
```

输出

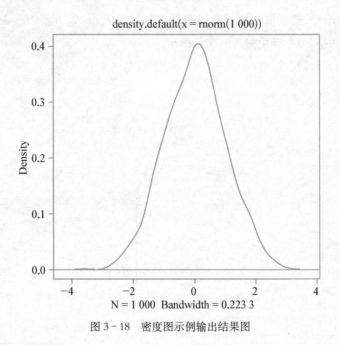

图 3-18　密度图示例输出结果图

3.7.5 其他函数

除了上述的 plot 函数，R 语言还提供了更多的 plot 函数，主要如下：

matplot(x,y)二元图，其中 x 的第一列对应 y 的第一列，x 的第二列对应 y 的第二列，依次类推。

coplot(x～y|z)关于 z 的每个数值（或数值区间）绘制 x 与 y 的二元图。

interaction.plot(f1, f2, y)如果 f1 和 f2 是因子，作 y 的均值图，以 f1 的不同值作为 x 轴，而 f2 的不同值对应不同曲线；可以用选项 fun 指定 y 的其他的统计量（缺省计算均值，fun = mean）。

fourfoldplot(x)用四个四分之一圆显示 2X2 列联表情况（x 必须是 dim = c(2,2,k)的数组，或者是 dim = c(2,2)的矩阵，如果 k = 1）。

assocplot(x)Cohen-Friendly 图，显示在二维列联表中行、列变量偏离独立性的程度。

sunflowerplot(x,y)同上，但是以相似坐标的点作为花朵，其花瓣数目为点的个数。

mosaicplot(x)列联表的对数线性回归残差的马赛克图。

contour(x,y,z)等（画曲线时用内插补充空白的值）。

image(x,y,z)同上，但是实际数据大小用不同色彩表示。

persp(x,y,z)同上，但为透视图。

stars(x)如果 x 是矩阵或者数据框，用星形和线段画出。

symbols(x,y,...)在由 x 和 y 给定坐标画符号（圆，正方形，长方形，星，温度计式或者盒形图），符号的类型、大小、颜色等由另外的变量指定。

termplot(mod.obj)回归模型（mod.obj）的（偏）影响图。

第 4 章 参数控制

前面我们已经看到了如何用 main = , xlab = 等参数来规定高级图形函数的一些设置。在实际绘图,特别是绘制用于演示或出版的图形时,缺省设置绘制的图形往往不能满足我们的要求。所以 R 语言提供了一系列所谓图形参数,通过使用图形参数可以修改图形显示的所有各方面的设置。图形参数包括关于线型、颜色、图形排列、文本对齐方式等各种设置。每个图形参数有一个名字,比如 col 代表颜色,取一个值,比如 col = "red" 是红色。每个图形设备有一套单独的图形参数。设置图形参数分为两种:永久设置与临时设置。永久设置使用 par() 函数进行设置,设置后在退出前一直保持有效;临时设置则是在图形函数中加入图形参数,

鉴于绘制有特殊需要的图形是 R 语言绘图的一个强项,而使用图形参数是完成此类任务的重要手段,我们在本章详细地介绍 R 绘图的各种图形参数。这些图形参数可以大体上分为以下的几个大类,我们将分别介绍:图形参数、文本参数、图例参数、网格参数、坐标轴参数。

4.1 图形参数

R 有着非常强大的绘图功能,我们可以利用简单的几行代码绘制出各种图形来,但是有时候默认的图形设置没法满足我们的需要,甚至会碰到各种各样的小问题:如坐标轴或者标题出界了,或者图例说明的大小或者位置遮挡住了图形,甚至有时候默认的颜色也不能满足我们的需求。如何进行调整呢?这就用到了"强大"的函数 par()。我们可以通过设定函数 par() 的各个参数来调整我们的图形。

函数 par() 的使用格式如下:

par(..., no.readonly = FALSE)

其中...表示所有类似于 tag = value 形式的参数。下面会具体的对这些参数进行描述。当参数 no.readonly = TRUE 时,函数 par() 就只允许有这一个参数了,并且会返回当前绘图设备中各

个参数的参数值。

每一个图形设备都有自己的绘图参数,如果当前还没有打开绘图设备,那么函数 par() 在进行参数设置之前会自动的打开一个新绘图设备。

如前面所说,直接在 R 编辑器中输入命令 par() 或者 par(no.readonly = TRUE) 都可以获取当前的各个绘图参数。

函数 par() 中的参数可以分为三大类:

只能读取,不能进行设置。包括参数 cin,cra,csi,cxy,din。

只能通过函数 par() 进行设置。包括参数:

  "ask",

  "fig", "fin",

  "lheight",

  "mai", "mar", "mex", "mfcol", "mfrow", "mfg",

  "new",

  "oma", "omd", "omi",

  "pin", "plt", "ps", "pty",

  "usr",

  "xlog", "ylog"

剩下的参数除了函数 par() 外,还可以通过各种高级绘图函数进行设置,如函数 plot,points,lines,abline,title,text,axis,image,box,contour,rect,arrows 等。

函数

```
par(..., no.readonly = FALSE)
< highlevel plot (..., < tag = < value)
```

参数

函数 par() 中的参数可以分为三大类:

只能读取,不能进行设置。包括参数 cin,cra,csi,cxy,din。

只能通过函数 par() 进行设置。包括参数:

"ask","fig","fin","lheight","mai","mar","mex","mfcol","mfrow","mfg",

"new","oma","omd","omi","pin","plt","ps","pty","usr","xlog","ylog"

剩下的参数除了函数 par() 外,还可以通过各种高级绘图函数进行设置,如函数 plot,points,

lines、abline、title、text、axis、image、box、contour、rect、arrows等。

当一个参数的值被设定时,默认的会返回设定之前这个参数的值,我们可以通常一些变量把这些值保存下来。执行完操作之后,可以利用这些历史值进行恢复设定(但是不建议这么做,因为可能会引起一些参数值冲突)。

具体参数介绍如下:

Adj

该参数值用于设定在text、mtext、title中字符串的对齐方向。0表示左对齐,0.5(默认值)表示居中,而1表示右对齐(说明一下,区间[0,1]内的任何值都可以作为参数adj的有效值,并且在大部分的图形设备中,介于区间外的值也是有效的)。

函数text中的参数adj的值可以以类似于形式adj = c(x,y)调整图中字符的相对位置;取值:长度为2的数值向量,分别表示字符边界矩形框的左下角相对坐标点(x, y)位置的调整,向量的两个数值一般都在[0;1]范围中(有些图形设备中也可以超出此范围),表示字符串以左下角为基准、根据自身的宽度和高度分别向左和向下移动的比例,默认为c(0.5, 0.5)。例如c(0, 0)表示整个字符(串)的左下角对准设定的坐标点,而c(1, 0)则表示字符串横向移动了自身宽度的距离,而纵向不受影响。但是在text中该参数的值影响的是对点的标记,对函数mtext和title来说,参数adj的值影响的是整个图像或设备区域。取负值时对齐位置在文本左边的地方;如果给出两个值(例如c(0, 0)),第二个只控制关于文字基线的垂直调整。

axes

是否画坐标轴;注意只会影响到是否画出坐标轴线和刻度,不会影响坐标轴标题。

asp

图形纵横比y = x;通常情况下这个比率不是1,有些情况下需要设置以显示更好的图形效果,例如需要从角度表现直线的斜率:若asp不等于1,那么45_的角可能看起来并不像真实的45_然后我们看看默认的散点图函数plot.default()。对于一般的散点图(两个数值变量之间),我们只需要调用plot()即可,如plot(x, y),而不必写明plot.default(x, y),原因就是plot()是泛型函数,它会自动判断传给它的数据类型从而采取不同的作图方式。plot.default()的参数当然包含了前面介绍的plot()中那些参数,此外还有:x, y欲作散点图的两个向量;如果y缺失,那么就用x对它的元素位置(1:n的整数)作散点图,lim, ylim设置坐标系的界限,两个参数都取长度为2的向量,它们的作用类似par()中的usr参数。

bg

用于设定绘图区域的背景颜色。当通过函数par()调用时,会同时设定参数new =

FALSE。对很多设备来说,该参数的初始值就是该设备的背景颜色值,其他情况下一般为"white"。需要注意一点的是,一些图形函数例如 plot.default 和 points 等也有名为 bg 的参数,但是代表的含义是不同的。这里设置的只是可以画背景色的点的背景色,而不是设置整幅图形的背景色,bg 指定背景色(例如 bg = "red", bg = "blue";用 colors()可以显示 657 种可用的颜色名)。

Bty

控制图形边框形状,可用的值为:"o","l","7","c","u"和"]"(边框和字符的外表相像);这些字符本身的形状对应着边框样式,比如(默认值)o 表示四条边都显示,而 c 表示不显示右侧边如果 bty = "n"则不绘制边框。

box()在当前的图上加上边框。

cex

控制缺省状态下符号和文字大小的值,用于表示对默认的绘图文本和符号放大多少倍。需要注意一些绘图函数如 plot.default 等也有一个相同名字的参数,但是此时表示在函数 par()的参数 cex 的基础上再放大多少倍,此外还有函数 points 等接受一个数值向量为参数。默认值为1,如果设为 1.5,则表示比默认大小大 50%,若设为 0.5,则表示比默认值小 50%。

cex.axis 坐标轴刻度标记的缩放倍数

cex.lab 坐标轴标题的缩放倍数

cex.main 图主标题的缩放倍数

cex.sub 图副标题的缩放倍数

col 图中符号(点、线等)的颜色,与 cex 参数类似,具体的细节颜色也可以通过如下参数设置:

col.axis 坐标轴刻度标记的颜色

col.lab 坐标轴标题的颜色

col.main 图主标题的颜色

col.sub 图副标题的颜色

cin,这是一个只读参数,不能进行修改。以形式(width,height)返回字体大小,单位为英寸。这和参数 cra 的作用一样,只是测量单位不同。

col,用于设定默认的绘图颜色

col.axis,坐标轴刻度值的颜色,默认为"black"

col.lab,坐标轴名称的颜色,默认为"black"

col.main，主标题的颜色，默认为"black"

col.sub，子标题的颜色，默认为"black"

cra，参见参数 cin 的说明

crt，该参数的值为一个表示度数的数值，用于表示单个字符的旋转度数，最好为 90 的倍数。和参数 srt 的不同之处在于后者是对整个字符串进行旋转。

csi，只读参数，返回默认的字符高度，以英寸为单位。

cxy，只读参数，以形式(width,height)返回默认的字符宽度、高度，
其中 par("cxy") = par("cin") / par("pin")。

fg

设置前景色(若后面没有指定别的颜色设置，本参数会影响几乎所有的后续图形元素颜色，若后续图形元素有指定的颜色设置，那么只是影响图形边框和坐标轴刻度线的颜色)。

font 控制文字字体的整数(1：正常，2：斜体，3：粗体，4：粗斜体)；和 cex 类似，还可用：font.axis，font.lab，font.main，font.sub。

font.axis 坐标轴刻度标签的字体样式

font.lab 坐标轴标题的字体样式

font.main 图主标题的字体样式

font.sub 图副标题的字体样式

frame.plot 是否给图形加框；可以查阅 box()函数，作用类似但功能更详细。

family 设置文本的字体族(衬线、无衬线、等宽、符号字体等)；标准取值有：serif，sans，mono，symbol，参见图 3-2 坐标(2,8)处的文本；family = 'symbol' 的情况没有显示出来。

legend()：除了利用 x，y 设置图例的坐标外，用"topleft"，"center"，"bottomright"等设置位置非常方便。ncol 设置图例的列数，horiz 设置图例的排列方向。

lab 设置坐标轴刻度数目(R 会尽量自动"取整"2)；取值形式 c(x，y，len)：x 和 y 分别设置两轴的刻度数目，len 目前在 R 中尚未生效，因此设置任意值都不会有影响(但用到 lab 参数时必须写上这个参数)1 对于添加文本，text()函数及其 vfont 参数可以设置更为详细的字体族和字体样式。

las 坐标轴标签样式；取 0、1、2、3 四个整数之一，分别表示"总是平行于坐标轴"、"总是水平"、"总是垂直于坐标轴"和"总是竖直"。仔细观察图 3-2 中四幅图的不同坐标轴标签方向。

lend 线条末端的样式(圆或方形)；取值为整数 0、1、2 之一(或相应的字符串'round'，'mitre'，'bevel')，注意后两者的细微区别。

lheight 图中文本行高;取值为一个倍数,默认为 1。

ljoin 线条相交处的样式;取值为整数 0、1、2 之一(或相应的字符串'round','mitre','bevel'),分别表示画圆角、画方角和切掉顶角,观察图 3-1 的三个直角的顶点。

log 坐标是否取对数,TRUE 或者 FALSE。

lty lty 控制连线的线型,可以是整数(1:实线,2:虚线,3:点线,4:点虚线,5:长虚线,6:双虚线),或者是不超过 8 个字符的字符串(字符为从"0"到"9"之间的数字)交替地指定线和空白的长度,单位为磅(points)或象素,例如 lty = "44" 和 lty = 2 效果相同。线条虚实样式:0)不画线,1)实线,2)虚线,3)点线,4)点划线,5)长划线,6)点长划线;或者相应设置如下字符串(分别对应前面的数字):'blank','solid','dashed','dotted','dot dash','longdash','twodash';还可以用由十六进制的数字组成的字符串表示线上实线和空白的相应长度,如'F624'。

locator(n, type = "n", ...)在用户用鼠标在图上点击 n 次后返回 n 次点击的坐标(x, y);并可以在点击处绘制符号(type = "p"时)或连线(type = "l"时),缺省情况下不画符号或连线。

las,只能是 0,1,2,3 中的某一个值,用于表示刻度值的方向。0 表示总是平行于坐标轴;1 表示总是水平方向;2 表示总是垂直于坐标轴;3 表示总是垂直方向。

lend,线段的端点样式,参数值可以为一个整数或者一个字符串。参数值为 0 或者"round"时,表示端点样式为圆角(默认值);为 1 或者"butt"时,表示端点直接截断;为 2 或者"square"表示延伸末端。

lty,直线类型。参数的值可以为整数(0 为空,1 为实线(默认值),2 为虚线,3 为点线,还可以为 4、5、6 等),也可以为字符串(和整数是一一对应的,如"blank"、"solid"、"dashed"、"dotted"、"dotdash"、"longdash"或者 "twodash")。

lwd,线条宽度。必须为一个整数,默认值为 1。具体的实现根据设备而定,有一些绘图设备不支持线条宽度小于 1。

main 主标题;也可以在作图之后用函数 title()添加上。

mar 控制图形边空的有 4 个值的向量 c(bottom, left, top, right),缺省值为 c(5.1, 4.1, 4.1, 2.1)。

mex 设置坐标轴的边界宽度缩放倍数;默认为 1,本参数会影响到 mgp 参数。

mfrow, mfcol 设置一页多图;取值形式 c(nrow, ncol)长度为 2 的向量,分别设置行数和列数,分割绘图窗口为 nr 行 nc 列的矩阵布局,按列次序使用各子窗口。

mgp 设置坐标轴的边界宽度;取值长度为 3 的数值向量,分别表示坐标轴标题、坐标轴刻度线标签和坐标轴线的边界宽度(受 mex 的影响),默认为 c(3, 1, 0),意思是坐标轴标题、坐标轴刻度线标签和坐标轴线离作图区域的距离分别为 3、1、0。

mtext():为四个坐标轴添加标签。mtext(text,side=3,line=0,…)在边空添加用 text 指定的文字,用 side 指定添加到哪一边(参照下面的 axis());line 指定添加的文字距离绘图区域的行数。

mfcol,mrow,用于设定图像设备的布局(简单的说就是将当前的绘图设备分隔成了 nr ∗ nc 个子设备),参数形式为 c(nr, nc)。子图的绘图顺序是按列还是按行就分别根据参数指定的是 mfcol 还是 mfrow。想要实现相同的功能还可以利用函数 layout 或者 split.screen。

new,逻辑值,默认值为 FALSE。如果设定为 TRUE,那么下一个高级绘图命令并不会清空当前绘图设备。

oma 设置外边界(Outer Margin)宽度;类似 mar,默认为 c(0, 0, 0, 0),当一页上只放一张图时,该参数与 mar 不好区分,但在一页多图的情况下就容易可以看出与 mar 的区别。仔细观察图 3-2 中宽线条中黑点的位置,在画线时,这些线条的起点和终点(分别用图中的两个黑点表示)都是选择同样的坐标位置。

omi,和参数 oma 的作用一样,只是这次参数的单位为英寸。

pch

点的符号;pch = 19)实圆点、pch = 20)小实圆点、pch = 21)圆圈、pch = 22)正方形、pch = 23)菱形、pch = 24)正三角尖、pch = 25)倒三角尖,其中,21—25 可以填充颜色(用 bg 参数)。

plot():最简单的画图函数。type 设置画图的类型(type = "n" 表示不画数据),九种可能的取值,分别代表不同的样式:'p')画点;'l')画线;'b')同时画点和线,但点线不相交;'c')将 type = 'b' 中的点去掉,只剩下相应的线条部分;'o')同时画点和线,且相互重叠,这是它与 type = 'b' 的区别;'h')画铅垂线;'s')画阶梯线,从一点到下一点时,先画水平线,再画垂直线;'S')也是画阶梯线,但从一点到下一点是先画垂直线,再画水平线;'n')作一幅空图,没有任何内容,但坐标轴、标题等其他元素都照样显示(除非用别的设置特意隐藏了)。

points():pch 设置点的类型。

pty

设置作图区域的形状;默认为'm':尽可能最大化作图区域;另外一种取值's'表示设置作图区域为正方形。

panel.first 在作图前要完成的工作;这个参数常常被用来在作图之前添加背景网格(参见 4.5 节)或者添加散点的平滑曲线,比如 panel.first = grid()。

ps 控制文字大小的整数,单位为磅(points)。

polygon(x,y)绘制连接各 x,y 坐标确定的点的多边形。

pin,当前的维度,形式为 c(width,height),单位为英寸。

plt,形式为 c(x1, x2, y1, y2),设定当前的绘图区域。

pty,一个字符型参数,表示当前绘图区域的形状,"s"表示生成一个正方形区域,而"m"表示生成最大的绘图区域。

rect(x1, y1, x2, y2)绘制长方形,(x1, y1)为左下角,(x2,y2)为右上角。

rug(x)在 x-轴上用短线画出 x 数据的位置。

srt 字符串的旋转角度;取一个角度数值。

sub 副标题

segments(x0, y0, x1, y1)从(x0,y0)各点到(x1,y1)各点画线段。

srt,字符串旋转度数,只支持函数 text。

tck 指定轴上刻度长度的值,单位是百分比,取值为与图形宽高的比例值(0 到 1 之间)以图形宽、高中最小一个作为基数;如果 tck=1 则绘制 grid 坐标轴刻度线的高度;正值表示向内画刻度线,负值表示向外;默认为不使用它(设为 NA),而使用 tcl 参数。

tcl 坐标轴刻度线的高度;取一个与文本行高的比例值;正负值意义类似 tck,默认值为-0.5,即向外画线,高度为半行文本高;观察图 3-1 左下角小图的坐标轴刻度线。

text():在给定坐标的位置写字。text(x, y, labels,...)在(x,y)处添加用 labels 指定的文字;典型的用法是:plot(x, y, type="n"); text(x, y, names)。

tck,刻度线的长度,为一个小于等于的小数,表示绘图区域的高度或宽度的一部分(取高度或宽度中较小的值)。如果 tck=1,则表示绘制网格线。默认值为 NA(相当于 tcl=-0.5)。

title()添加标题,也可添加一个副标题。

usr 作图区域的范围限制,取值长度为 4 的数值向量 c(x1, x2, y1, y2),分别表示作图区域内 x 轴的左右极限和 y 轴的下上极限;注意,如果采用的对数刻度(如 par("xlog")=TRUE),那么 x 坐标轴的表示范围为 10^par("usr")[1:2],同样也可以得到 y 坐标轴的表示范围。

xaxp,一个形式为 c(x1, x2, n)的向量,表示当 par("xlog")=false 时,x 坐标轴的刻度线的区间及区间中的刻度线个数。若 par("xlog")=TRUE,情形就稍微复杂了:若取值范围较小,那么 n 是一个负数,且刻度线的分布和正常情形(没有对数转换)下相似;若 n 取值为 1、2、3 中的一个,c(x1,x2)=10^par("usr")[1:2](并且此时 par("usr")是指 par("xlog")=TRUE 情况下返回的值)。具体解释如下:

n=1,在坐标值为 10^j(j 为整数)处绘制刻度线。

n=2,在坐标值为 k＊(10^j)处绘制刻度线,其中 k 为 1 或者 5。

n=3,在坐标值为 k＊(10^j)处绘制刻度线,其中 k 为 1、2 或者 5。

xaxs,yaxs 坐标轴范围的计算方式;取值范围为:"r","i","e","s","d"。一般来说,计算方式是由 xlim 的数值范围确定的(如果 xlim 指定了的话)。"r"(regular)首先会对数值范围向两端各延伸 4％,然后在延伸后的数值区间中设置坐标值;"i"(internal)直接在原始的数据范围中设置坐标值;"s"(standard)和"e"(extended)、"d"(direct)目前还不支持。

xaxt,用于设定 x 坐标轴的刻度值类型,为一个字符。"n"表示不绘制刻度值及刻度线;"s"表示绘制,默认值。

xaxt 如果 xaxt="n"则设置 x-轴但不显示(有助于和 axis(side=1,...)联合使用)。

yaxt 如果 yaxt="n"则设置 y-轴但不显示(有助于和 axis(side=2,...)联合使用)。

xlog,ylog 坐标是否取对数;默认 FALSE。

xpd 对超出边界的图形的处理方式;取值 FALSE:把图形限制在作图区域内,出界的图形截去;取值 TRUE:把图形限制在图形区域内,出界的图形截去;取值 NA:把图形限制在设备区域内。

xlab x 轴标题

xlog,一个逻辑值。如果为 TRUE,表示对 x 轴为对数坐标轴,默认值为 FALSE。

yaxp,同 xaxp 类似,表示 y 坐标轴的刻度线的区间及区间中的刻度线个数。

yaxs,类似于 xaxs,对坐标轴 y 的间隔设定方式。

yaxt,类似于 xaxt。

ylog,类似于 xlog。

ylab y 轴标题

示例

首先我们来修改一下坐标轴的颜色,我们通过下面的示例把坐标轴改为红色。

```
par(cex.axis= 4,col.axis= "red")
plot(1:6)
```

输出

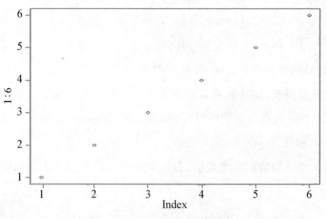

图4-1 改变坐标颜色输出结果

这个例子展示了如何使用 lend 参数,首先我们绘制一个默认的长度,然后修改参数 lend=1,同时修改颜色来进行绘制。最后我们修改参数 lend=2 绘制。大家可以从输出结果里面看到明显的区别。

```
plot(1:8,type= "n",ylim= c(1,6))
x0<- c(1,2,3,5,6)
y0<- rep(1,5)
x1<- x0
y1<- rep(6,5)
segments(x0,y0,x1,y1)
x0<- rep(0,4)
y0<- seq(1.3,4.3,1)
x1<- c(1,6,3,1)
y1<- y0
# 默认情形
segments(x0,y0,x1,y0,lwd= 10,col= "red")
y0<- seq(1.6,4.6,1)
y1<- y0
segments(x0,y0,x1,y0,lwd= 10,col= "green",lend= 1)
y0<- seq(1.9,4.9,1)
y1<- y0
x0<- x1
x1<- c(2,8,5,3)
segments(x0,y0,x1,y0,lwd= 10,col= "blue",lend= 2)
```

输出

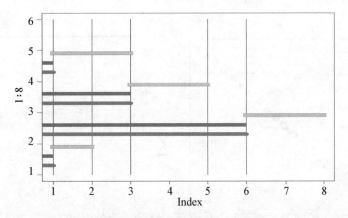

图 4-2　修改坐标轴长度输出结果图

这个例子展示了不同的直线类型，点线，虚实线以及实线。

```
plot(0:6,type= 'n')
for(i in c(0:6)){abline(h= i, lty= i,lwd= i)}
```

输出

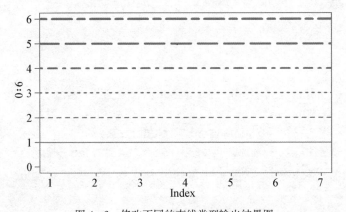

图 4-3　修改不同的直线类型输出结果图

这个例子使用了不同的符号来进行绘制，然后改用不同的字母来进行绘制。左边的输出是用不同的符号来绘制，右边的输出是使用英文字母。示例同时使用了不同颜色信息。

```
plot(1:25,pch= 1:25,cex= 2.5,bg= "blue", main= "pch 符号图",xlab= "pch 编码")
plot(1:26,pch= LETTERS[1:26],col= 1:26)
```

输出

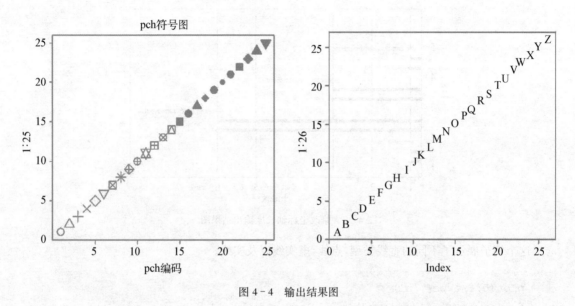

图 4-4 输出结果图

4.2 文本参数

函数

```
text(x, y = NULL, labels = seq_along(x), adj = NULL,
    pos = NULL, offset = 0.5, vfont = NULL,
    cex = 1, col = NULL, font = NULL, ...)
mtext(text, side = 3, line = 0, outer = FALSE, at = NA,
    adj = NA, padj = NA, cex = NA, col = NA, font = NA, ...)
```

参数

x, y

文本标签表示坐标的数值向量。

labels

一个特征向量或表达式指定文本编写。通过作为特征向量试图迫使其他语言对象(姓名和电话)变成表达式,和向量和其他分类对象。

adj

一个或两个在[0,1]的值,指定的 x(和可选 y)调整标签。

pos

说明文本的位置。如果指定,它将覆盖 adj 表示的任何值。值 1、2、3 和 4 分别显示位置下面,左边,右边,和上面指定的坐标。

offset

当 pos 指定时,这个值表示指定坐标的标签偏移字符宽度的分数。

vfont

空为当前的字体集合,或者一个长度为 2 的 Hershey 字体的特征向量。向量选择字体的第一个元素和第二个元素选择一个风格。如果标签是一个表达式忽略。

cex

数值型字符扩展因子;乘以 par(cex),以最终的字符长度为准。空和 NA 相当于 1.0。

col, font

可能向量的颜色和使用的字体(如果 vfont = NULL),这些默认为标准全球图形参数的值。

字体参数如下:

参 数	描 述
font	字体描述,1 正常,2 加粗,3 斜体,4 加粗,斜体,5 符号
font.axis	坐标轴字符描述
font.lab	坐标轴标记字体描述
font.main	标题字体描述
font.sub	副标题字体描述
ps	字体点阵大小,大约为 1/72 英寸。在使用时 text size = ps * cex
cex	字体放大或者缩小多少倍
cex.axis	坐标轴字符大小
cex.lab	坐标轴标记字体大小
cex.main	标题字体大小
cex.sub	副标题字体大小
family	绘图字体。标准字体是"serif","sans","mono","symbol"。当然可以指定任何自己已有的字体库。但它是设备依赖的

示例

首先我们通过一个简单的例子来展示使用不同颜色来为图添加文本信息。我们使用 pi 来绘制一个圆形，同时使用不同的数字来标记。这里的数字是使用 text 函数来添加的。

```
plot(- 1:1, - 1:1, type = "n", xlab = "Re", ylab = "Im")
K < - 16; text(exp(1i * 2 * pi * (1:K) / K), col = 2)
```

输出

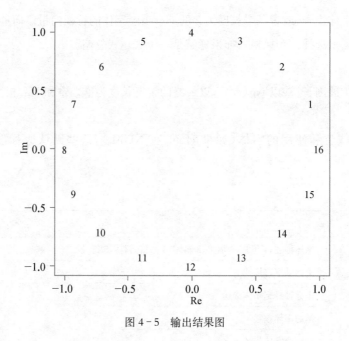

图 4-5 输出结果图

下面的示例展示了如果使用 mtext 函数来添加文本信息。

```
plot(1:10, (- 4:5)^2, main = "Parabola Points", xlab = "xlab")
mtext("10 of them")
mtext("mtext(..., line= - 2)", line = - 2)
mtext("mtext(..., line= - 2, adj = 0)", line = - 2, adj = 0)
```

输出

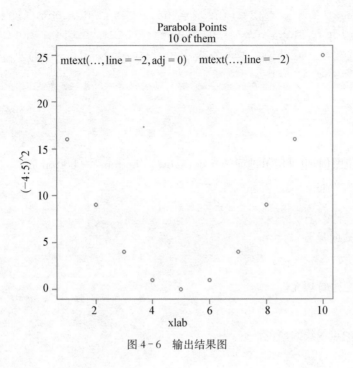

图 4-6 输出结果图

4.3 图例参数

图例是集中于图上各种符号和颜色所代表内容与指标的说明，有助于更好的认识地图。它具有双重任务，在编图时作为图解表示地图内容的准绳，用图时作为必不可少的阅读指南。图例应符合完备性和一致性的原则。

legend 这个函数可以用来添加图例。

函数

```
legend(x, y = NULL, legend, fill = NULL, col = par("col"),
       border = "black", lty, lwd, pch,
       angle = 45, density = NULL, bty = "o", bg = par("bg"),
       box.lwd = par("lwd"), box.lty = par("lty"), box.col = par("fg"),
       pt.bg = NA, cex = 1, pt.cex = cex, pt.lwd = lwd,
       xjust = 0, yjust = 1, x.intersp = 1, y.intersp = 1,
       adj = c(0, 0.5), text.width = NULL, text.col = par("col"),
```

```
text.font = NULL, merge = do.lines && has.pch, trace = FALSE,
plot = TRUE, ncol = 1, horiz = FALSE, title = NULL,
inset = 0, xpd, title.col = text.col, title.adj = 0.5,
seg.len = 2)
```

参数

x，y

x，y用于定位图例，也可用单键词"bottomright"，"bottom"，"bottomleft"，"left"，"topleft"，"top"，"topright"，"right" and "center"。

legend

字符或表达式向量。

fill

用特定的颜色进行填充。

col

图例中出现的点或线的颜色。

border

当 fill = 参数存在的情况下，填充色的边框。

lty，lwd

图例中线的类型与宽度。

pch

点的类型。

angle

阴影的角度。

density

阴影线的密度。

bty

图例框是否画出，o 为画出，默认为 n 不画出。

bg

bty！= "n"时，图例的背景色。

box.lty，box.lwd，box.col

bty = "o"时，图例框的类型，box.lty 决定是否为虚线，box.lwd 决定粗线，box.col 决定颜色。

pt.bg

点的背景色。

cex

字符大小。

pt.cex

点的大小。

pt.lwd

点的边缘的线宽。

x.intersp

图例中文字离图片的水平距离。

y.intersp

图例中文字离图片的垂直距离。

adj

图例中字体的相对位置。

text.width

图例字体所占的宽度。

text.col

图例字体的颜色。

text.font

图例字体。

merge

logical，if TRUE,合并点与线，但不填充图例框，默认为 TRUE。

trace

logical；if TRUE 显示图例信息。

plot

logical. If FALSE 不画出图例。

ncol

图例中分类的列数。

horiz

logical；if TRUE，水平放置图例。

title

给图例加标题。

inset

当图例用关键词设置位置后，inset = 分数，可以设置其相对位置。

xpd

xpd = FALSE，即不允许在作图区域外作图，改为 TRUE 即可，与 par()参数配合使用。

title.col

标题颜色。

title.adj

图例标题的相对位置，0.5 为默认，在中间。0 最左，1 为最右。

seg.len

lty 与 lwd 的线长，长度单位为字符宽度。

示例

```
c6 <- terrain.colors(10)[1:6]
for(i in 1:4) {
    plot(1, type = "n", axes = FALSE, ann = FALSE); title(paste("text.
      font = ",i
))
    legend("top", legend = LETTERS[1:6], col = c6,
           ncol = 2, cex = 2, lwd = 3, text.font = i, text.col = c6)
}
```

输出

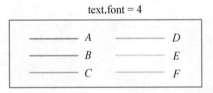

图 4-7 输出结果图

下面的示例展示了如何通过 legend 函数在图片的右上角添加图例。

```
 attach(mtcars)
 boxplot(mpg~ cyl,
main= "图例使用示例",
yaxt= "n", xlab= "x", horizontal= TRUE,
col= terrain.colors(3))
legend("topright", inset= .05, title= "圆柱个数",
c("4","6","8"), fill= terrain.colors(3), horiz= TRUE)
```

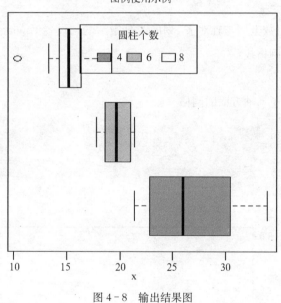

图 4-8　输出结果图

4.4　网格参数

函数

```
grid(nx = NULL, ny = nx, col = "lightgray", lty = "dotted",
     lwd = par("lwd"), equilogs = TRUE)
```

参数

nx, ny

网格在 x 和 y 方向单元格的数量。当为空 L，按默认情况下，网格上的刻度线与对应的默认轴（即由 axTicks, tickmarks 计算）。当 NA，在相应的方向不绘制网格线。

col

字符或数字（整数）；网格线的颜色

lty

字符或数字（整数）；网格线的线类型

lwd

网格线宽的非负数字

equilogs

逻辑值，只有使用对数坐标与轴对齐，刻度线是激活的。设置 equilogs = FALSE 在这种情况下给了非等距轴对齐网格线

示例

下图是一个只是用了 y 轴方面的网格

```
plot(1:3)
grid(NA, 5, lwd = 2)
```

输出

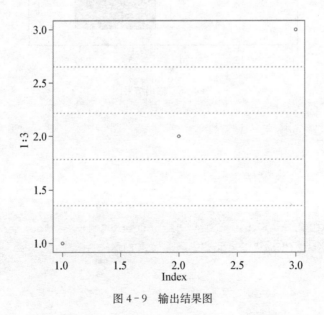

图 4-9 输出结果图

4.5 坐标轴参数

坐标轴参数可以为当前图增加一个轴，制定位置，标签和其他选项的规范。
函数

```
axis(side, at = NULL, labels = TRUE, tick = TRUE, line = NA,
     pos = NA, outer = FALSE, font = NA, lty = "solid",
     lwd = 1, lwd.ticks = lwd, col = NULL, col.ticks = NULL,
     hadj = NA, padj = NA, ...)
```

参数
side
一个指定的哪一边画轴的整数。轴放置如下：1 = 下面，2 = 左面，3 = 上面，4 = 右面。
at
绘制刻度线的点。非限定的（无限，NAN 或 NA）值省略。在默认情况下（当出现空）计算轴线位置，请参见下面的细节。
labels
这可以是一个逻辑值指定（数值）注释是否是 tickmarks,或在 tickpoints 放置的一个字符或标签的表达向量。(其他对象由 as.graphicsAnnot 决定。)如果这不是逻辑值，还应该提供相同的长度。如果强制后长度为零的标签，当出现真，它有同样的效果。
tick
一个逻辑值指定 tickmarks 和轴心线是否应该被绘制。
line
绘制到边缘的轴线的数目。
pos
轴绘制的坐标：如果不是 NA，则覆盖线的值。
outer
一个逻辑值指示轴是否应该被绘制在图边缘外，而不是标准的图边缘。
font
文本的字体。
lty
轴心线和刻度线的线类型。

lwd，lwd.ticks

轴线和刻度线的线宽度。零或负值将抑制线或轴。

col，col.ticks

轴线和刻度线的颜色分别标记。col = NULL 意味着使用标准(fg)，可能指定的内联，col.并且 ticks = NULL 意味着使用任何颜色。

hadj

对所有标签平行("水平")阅读方向调整(参见标准("adj")。如果这不是一个有限值，默认使用(集中字符串平行于轴否则在最近的轴结束)。

padj

调整为每一个标记标签垂直于阅读的方向。标签与轴平行，padj = 0 意味着右边或顶部对齐，padj = 1 意味着左边或底部对齐。这可以是一个给定每个字符串值的向量，向量并将在必要时回收。

如果 padj 不是一个有限值(默认)，标准值("las")决定调整。对于绘制垂直于轴上的字符串默认是集中的字符串。

示例

这个输出的 x 轴的刻度与 y 轴不一样。

```
plot(1:10, xaxt = "n")
axis(1, xaxp = c(2, 9, 7))
```

输出

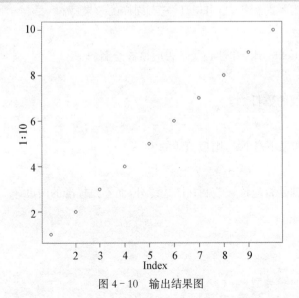

图 4-10　输出结果图

4.6 综合示例

本节我们用一个综合例子继续展示本章所讨论的参数使用方法。

我们首先创建数组 x,y,z,然后使用 par 函数来指定参数,先画一个 xy 的图,然后我们调用 axis 函数在左侧绘制一个红色的坐标轴,然后在右侧调用 axis 函数绘制一个蓝色的坐标轴,这个刻度更小一些。同时我们调用 mtext 函数给右侧的坐标轴添加文字参数,最后我们调用 title 函数给整个图加一个标题和 x 轴,y 轴的图例。

代码如下

```
x < - c(1:6); y < - x; z < - 6/x
par(mar= c(5, 4, 4, 8) + 0.1)
plot(x, y,type= "b", pch= 21, col= "red",   yaxt= "n", lty= 3, xlab= "",
  ylab= "")
lines(x, z, type= "b", pch= 22, col= "blue", lty= 2)
axis(2, at= x,labels= x, col.axis= "red", las= 2)
axis(4, at= z,labels= round(z,digits= 2),
col.axis= "blue", las= 2, cex.axis= 0.7, tck= - .01)
mtext("y= 1/x", side= 4, line= 3, cex.lab= 1,las= 2, col= "blue")
title("参数控制综合示例", xlab= "X",   ylab= "Y= X")
```

输出

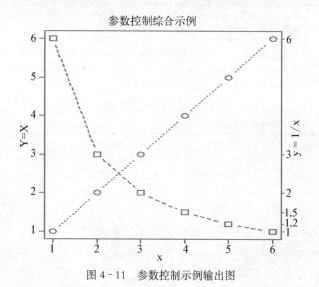

图 4 - 11　参数控制示例输出图

第 5 章 低级绘图

高级图形函数可以迅速简便地绘制常见类型的图形,但是,某些情况下你可能希望绘制一些有特殊要求的图形。比如,你希望坐标轴按照自己的设计绘制,在已有的图上增加另一组数据,在图中加入一行文本注释,绘出多个曲线代表的数据的标签等。

低级图形函数让你在已有的图的基础上进行添加。低级图形函数一般需要指定位置信息,其中的坐标指的是所谓用户坐标,即前面的高级图形函数所建立的坐标系中的坐标。坐标可以用两个向量 x 和 y 给出,也可以由一个两列的矩阵给出。如果交互作图可以用下面介绍的 locator()函数来交互地从图形中直接输入坐标位置。

常用的低级图形函数罗列如下:

表 5-1 常用的低级图形函数

points(x,y) lines(x,y)	在当前图形上叠加一组点或线。可以使用 plot()的 type = 参数来指定绘制方法,缺省时 points() 画点,lines()画线。
text(x,y, labels, …)	在由坐标 x 和 y 给出的位置标出由 labels 指定的字符串。labels 可以是数值型或字符型的向量,labels[i]在 x[i],y[i]处标出。
abline(a, b) abline(h = y) abline(v = x) abline(*lm.obj*)	在当前图形上画一条直线。两个参数 a,b 分布给出截距和斜率。指定 h = 参数时绘制水平线,指定 v = 参数时绘制垂直线。以一个最小二乘拟合结果 lm.obj 作为参数时由 lm.obj 的 \$coefficients 成员给出直线的截距和斜率。
polygon(x,y, …)	以由向量 x 给出的横坐标和向量 y 给出的纵坐标为顶点绘制多边形。可以用 col = 参数指定一个颜色填充多边形内部。

5.1 点和线

点是一个通用的函数,用来在指定的坐标下画出一系列的点。线是一个用各种方法表示坐标泛型函数,并连接相应的点与线段。points 不仅仅可以画前文中 pch 所设定的任意一个符号,还可以以字符为符号。

第 5 章 低级绘图

函数

```
points(x, y = NULL, type = "p", ...)
```

参数

x,y 数值向量,表示点的坐标

type 字符串,表示类型

函数

```
lines(x, y = NULL, type = "l", ...)
```

参数

x,y 数值向量,表示线段的坐标

type 字符串,表示类型

示例

首先我们使用 plot 函数来绘制一个坐标系统,然后调用 points 函数来绘制 200 个红色的点和 200 个蓝色的点。

```
plot(- 4:4, - 4:4, type = "n")
points(rnorm(200), rnorm(200), col = "red")
points(rnorm(100)/2, rnorm(100)/2, col = "blue", cex = 1.5)
```

输出

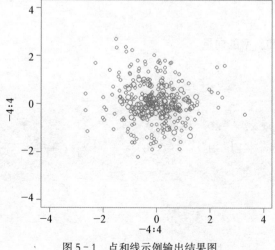

图 5-1 点和线示例输出结果图

5.2 直线和线段

直线函数可以为当前的图添加一个或多个直线

线段函数可以画双点之间的线段

abline可以由斜率和截距来确定一条直线，lines可以连接两个或者多个点，segments可以按起止位置画线

函数

```
abline(a = NULL, b = NULL, h = NULL, v = NULL, reg = NULL,
       coef = NULL, untf = FALSE, ...)
```

参数

a，b

截距和斜率，单一值

untf

逻辑值，问是否转换

h

水平线的y值(s)

v

垂直线的x值(s)

coef

长度为2表示截距和斜率的向量

reg

系数方法下的对象

```
segments(x0, y0, x1 = x0, y1 = y0,
         col = par("fg"), lty = par("lty"), lwd = par("lwd"),
         ...)
```

参数

x0，y0

绘制的点的坐标

x1，y1

绘制点的坐标。至少有一个必须提供

col，lty，lwd

标准图形参数

示例

```
plot(c(- 2,3), c(- 1,5), type = "n", xlab = "x", ylab = "y", asp = 1)
abline(h = 0, v = 0, col = "gray60")
text(1,0, "abline( h = 0 )", col = "gray60", adj = c(0, - .1))
abline(h = - 1:5, v = - 2:3, col = "lightgray", lty = 3)
abline(a = 1, b = 2, col = 2)
```

输出

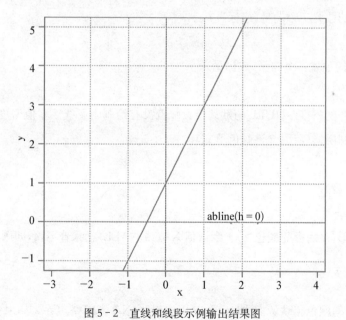

图 5 - 2　直线和线段示例输出结果图

5.3　矩形

rect 用给定的坐标绘制一个矩形（或矩形序列），并且用颜色填充边界

函数

```
rect(xleft, ybottom, xright, ytop, density = NULL, angle = 45,
     col = NA, border = NULL, lty = par("lty"), lwd = par("lwd"),
     ...)
```

参数

xleft

表示左边 x 的位置一个向量(或标量)

ybottom

表示底部 y 位置一个向量(或标量)。

xright

表示右边 x 的位置一个向量(或标量)

ytop

表示顶部 Y 的位置一个向量(或标量)

density

阴影线每英寸的密度。NULL 的默认值意味着没有绘制阴影线。零值密度意味着没有阴影线,负值(NA)抑制阴影(所以允许颜色填充)。

angle

阴影线的角(度)。

col

来填补或矩形(s)阴影的颜色(s)。默认值 NA(或 NALL)意味着不填,即画透明矩形,除非指定密度。

border

矩形边框(s)的颜色。默认方法(fg)。使用边界 = NA 来忽略边界。如果有阴影线,边界 = TRUE 意味着边界的阴影线使用相同的颜色。

lty

边框和阴影线类型,默认为"固体"。

lwd

边框和阴影的线宽。注意,使用 lwd = 0(例子)是设备相关的。

示例

我们首先来绘制一个区域,然后从左下角开始绘制矩形,一直绘制到右下角。

```
## set up the plot region:
plot(c(100, 250), c(300, 450), type = "n", xlab = "", ylab = "",
     main = "矩形绘制示例")
i <- 4*(0:10)
## draw rectangles with bottom left (100, 300)+ i
## and top right (150, 380)+ i
rect(100+ i, 300+ i, 150+ i, 380+ i, col = rainbow(11, start = 0.7, end = 0.1))
rect(240- i, 320+ i, 250- i, 410+ i, col = heat.colors(11), lwd = i/5)
```

输出

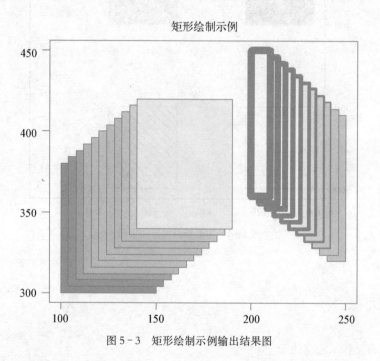

图5-3 矩形绘制示例输出结果图

下面的例子我们绘制4个不同的矩形。一个是透明的,一个是绿色填充的,一个是蓝色网格背景的,一个是红色边框的。

```
plot(c(100, 200), c(300, 450), type= "n", xlab = "", ylab = "")
rect(100, 300, 125, 350)
```

```
rect(100, 400, 125, 450, col = "green", border = "blue")
rect(115, 375, 150, 425, col = par("bg"), border = "transparent")
rect(150, 300, 175, 350, density = 10, border = "red")
rect(150, 400, 175, 450, density = 30, col = "blue",
     angle = - 30, border = "transparent")
```

输出

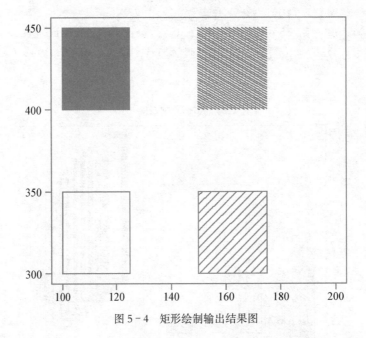

图 5-4 矩形绘制输出结果图

5.4 多边形

绘制顶点为 x 和 y 的多边形

函数

```
polygon(x, y = NULL, density = NULL, angle = 45,
        border = NULL, col = NA, lty = par("lty"),
        ..., fillOddEven = FALSE)
```

参数

x,y

包含多边形顶点坐标的向量

density

每英寸阴影线的密度。NULL 的默认值意味着没有阴影线。零值密度意味着没有阴影没有填充。

angle

阴影线的斜率,用度表示的角(逆时针)。

col

填充多边形的颜色。默认保持多边形不被填充,除非指定密度。如果指定密度为正值,表示阴影线的颜色。

border

绘制边界的颜色。默认使用标准(fg)。使用边界 = NA 则忽略边界。

lty

被使用的线类型,参见标准。

图形参数,比如 xpd,lend,ljoin 和 lmitre 可以作为参数。

fillOddEven

控制多边形阴影模式的逻辑值:详情见下文。默认 FALSE。

示例

我们首先定义数组 x 和 y,然后使用 for 循环画出 3 个多边形。多边形使用蓝色填充,边框使用绿色。

```
x <- c(1:9, 8:1)
y <- c(1, 2* (5:3), 2, -1, 17, 9, 8, 2:9)
op <- par(mfcol = c(3, 1))
for(xpd in c(FALSE, TRUE, NA)) {
   plot(1:10, main = paste("xpd = ", xpd))
   box("figure", col = "pink", lwd = 3)
   polygon(x, y, xpd = xpd, col = "blue", lty = 2, lwd = 2, border =
     "green")
}
par(op)
```

输出

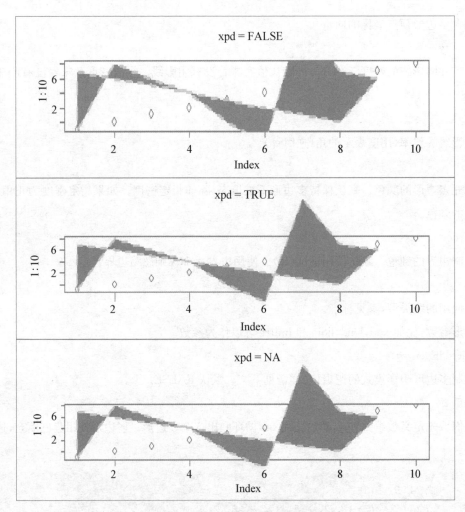

图 5-5 多边形绘制示例输出结果图

这个例子展示了如何使用 NA 以及如何在多边形内部做直线的填充。

```
plot(c(1, 9), 1:2, type = "n")
polygon(1:9, c(2,1,2,1,NA,2,1,2,1),
        density = c(10, 20), angle = c(- 60, 60))
```

输出

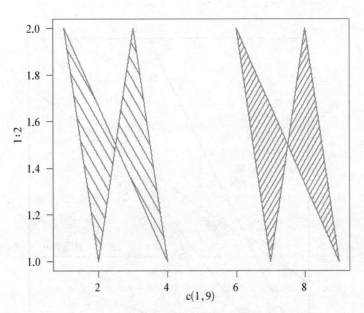

图 5-6　多边形内部做直线的填充示例输出结果

5.5　综合示例

本节讲述一个综合示例，我们将绘制多条直线、线段。

```
require(stats)
sale5 <- c(6, 4, 9, 7, 6, 12, 8, 10, 9, 13)
plot(sale5,new= T)
abline(lsfit(1:10,sale5))
abline(lsfit(1:10,sale5, intercept = FALSE), col= 4)
abline(h= 6, v= 8, col = "gray60")
text(8,6, "abline( h = 6 )", col = "gray60", adj = c(0, - .1))
abline(h = 4:8, v = 6:12, col = "lightgray", lty= 3)
abline(a= 1, b= 2, col = 2)
text(5,11, "abline( 1, 2 )", col= 2, adj= c(- .1,- .1))
segments(6,4,9,5,col= "green")
text(6,5,"segments(6,4,9,5)")
lines(sale5,col= "pink")
```

输出

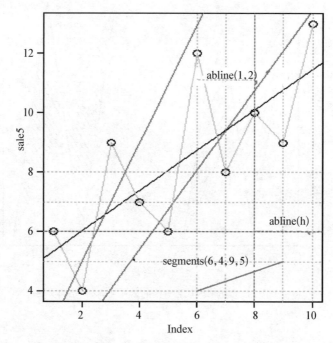

图 5-7 综合示例输出结果图

第 6 章 面板调整

R 语言中的面板调整主要包含屏幕和布局。

屏幕 Screen：

用 x11()等函数打开图形设备之后,就可以使用相应的 screen 函数了。比如 split.screen(c(2,2))该函数用于将 screen 分成 2 行 2 列,标识符按行分别从 1 到 2＊2 标记,参数向量用于指定每个 screen 的标识符,注意不能分割太多,会造成图画不下的情况。split.screen(c(1,2),screen=2)可以将子 screen 再次进行分割,screen 这个参数用于指定需要再次分割的标识符。接下来就是画图了。screen(2)用于选中标识符为 2 的子屏幕,以后的画图函数都在 2 这个子屏幕中生效,如果 2 这个子屏幕中已经被画过了,它会清空已经画过的。如果不想清空只需 screen(2,FALSE)即可。erase.screen(n=)用于清空指定标识符上的图形,close.screen(n, all.screens = FALSE)关闭屏幕,相当于清空了标识符,因此再也不能定位到相应的屏幕了。

布局 Layout：

相比 screen 函数,还有一个 Layout,比 screen 更加灵活(理论上可以设置出任意的布局),也更加方便。layout(mat, widths, heights)：mat 用于划分整个布局,如果 mat 中两块数字相同则布局显示时候会将那两块显示在一起。Widths 和 heights 都是一个向量,长度分别和列数和行数相同,用来表示每一块列或者行的相对长度。如果要用绝对的,可用 lcm(5)这个函数,返回 5cm。layout.show(n)用来显示子窗口的个数。在画图的时候,Layout 中默认是 bycolonm 的,即画图时候,先画 a[1,1]再 a[1,2],再 a[2,1]a[2,2],如果要 a[1,1]之后是 a[1,2]只要在 matrix 这个参数中指定 byrow=TRUE 即可。

6.1 屏幕

split.screen 在当前设备定义了大量的区域,在某种程度上,被视为单独的图形。它有助于在一个设备生成多个图。屏幕本身就可以分割,允许图的非常复杂的安排。

screen 用来选择绘制的屏幕。

Screen 用来明确一个屏幕,通过填充背景颜色。

Close.screen 表示删除指定的屏幕定义。

函数

```
split.screen(figs, screen, erase = TRUE)
screen(n = , new = TRUE)
erase.screen(n = )
close.screen(n, all.screens = FALSE)
```

参数

figs

在一个屏幕矩阵或有 4 列的矩阵下,描述行数和列数的双元素向量。如果一个矩阵,每一行用左边,右边,底部和顶部来描述一个屏幕,0 在图案表面的左下角,1 在右上角。

screen

表示分割屏幕的数量。如果有一个它默认为当前屏幕上,否则表示整个图案区域。

erase

逻辑值:屏幕是否应该被清除。

n

指示准备绘制(屏幕)哪个屏幕的数字,擦掉(erase.screen)或关闭(close.screen)。(close.screen 将会接受一个表示屏幕数字的向量。)

new

逻辑值,指示屏幕是否应该被删除作为准备绘制在屏幕上的一部分。

all.screens

逻辑值,指出是否应该关闭所有的屏幕。

示例

我们首先把屏幕分为上下 2 个,然后再把第二个屏幕分为 2 个小屏幕。

```
par(bg = "white")
split.screen(c(2, 1))
split.screen(c(1, 2), 2)
plot(1:10, ylab = "ylab 3")
```

```
screen(1)
plot(1:10)
screen(4)
plot(1:10, ylab = "ylab 4")
screen(1, FALSE)
plot(10:1, axes = FALSE, lty = 2, ylab = "")
axis(4)
title("Plot 1")
close.screen(all = TRUE)
```

输出

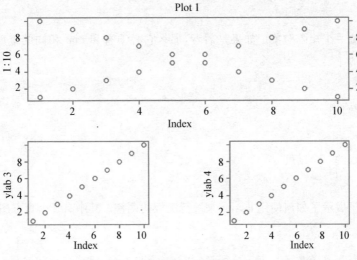

图6-1 屏幕示例输出结果图

6.2 布局

函数

```
layout(mat, widths = rep.int(1, ncol(mat)),
        heights = rep.int(1, nrow(mat)), respect = FALSE)


layout.show(n = 1)
lcm(x)
```

参数

mat

一个在输出单元指定后 N 个数据的位置的矩阵对象。矩阵中的每个值必须是 0 或一个正整数。如果 N 是矩阵中最大的正整数,那么整数{1,…,N − 1}在矩阵中必须至少出现一次。

widths

一个表示在单元上列的宽度的值的向量。相对宽度被指定值。绝对宽度(厘米)被指定为 lcm()函数。

heights

一个表示在单元上的行高的值的向量。可以指定相对和绝对高度,参见上面的宽度。

respect

一个逻辑值或一个矩阵对象。如果是后者,那么它必须有和 mat 相同的维度并且矩阵中的每个值必须是 0 或 1。

n

绘图的点的数目

x

表示几个厘米的一个维度

示例

下面这个例子展示了如何使用 layout 来进行面板的调整。其中有 2 个直方图,在中间我们绘制了 plot 图。

```
x <- pmin(3, pmax(-3, stats::rnorm(50)))
y <- pmin(3, pmax(-3, stats::rnorm(50)))
xhist <- hist(x, breaks = seq(-3,3,0.5), plot = FALSE)
yhist <- hist(y, breaks = seq(-3,3,0.5), plot = FALSE)
top <- max(c(xhist$ counts, yhist$ counts))
xrange <- c(-3, 3)
yrange <- c(-3, 3)
nf <- layout(matrix(c(2,0,1,3),2,2,byrow = TRUE), c(3,1), c(1,3), TRUE)
layout.show(nf)

par(mar = c(3,3,1,1))
plot(x, y, xlim = xrange, ylim = yrange, xlab = "", ylab = "")
```

```
par(mar = c(0,3,1,1))
barplot(xhist$ counts, axes = FALSE, ylim = c(0, top), space = 0)
par(mar = c(3,0,1,1))
barplot(yhist$ counts, axes = FALSE, xlim= c(0, top), space = 0, horiz = TRUE)
```

输出

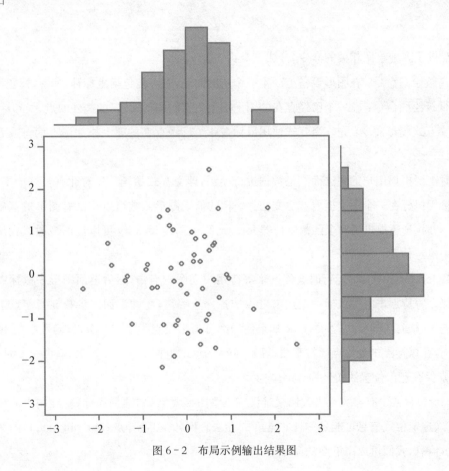

图 6-2 布局示例输出结果图

第 7 章 交互式绘图

R 提供了多种绘图相关的命令,分成三类:

1. 高级绘图命令:在图形设备上产生一个新的图区,它可能包括坐标轴,标签,标题等。

2. 低级绘图命令:在一个已经存在的图上加上更多的图形元素,如额外的点、线和标签。

3. 交互式图形命令:允许交互式地用鼠标在一个已经存在的图上添加图形信息或者提取图形信息。

有时需要根据用户的想法而不是数据进行绘图,即交互式绘图。R 对此有很好的支持,允许用户直接用鼠标在一个图上提取和提交信息。R 的低级图形函数可以在已有图形的基础上添加新内容,同时,R 还提供了两个函数定位器 locator 和识别器 identify 可以让用户通过在图中用鼠标点击来确定位置。

函数 locator(n, type)运行时会停下来等待用户在图中点击,然后返回图形中鼠标点击的位置的坐标。等待点击时用鼠标中键点击可以选择停止等待,立即返回。参数 n 指定点击多少次后自动停止,缺省为 500 次;参数 type 如果使用则可指定绘点类型,与 plot()函数中的 type 参数用法相同,在鼠标点击处绘点(线、垂线,等)。locator()的返回值是一个列表,有两个变量(元素)x 和 y,分别保存点击位置的横坐标和纵坐标。

locator()常常没有参数。当我们很难设定一些图形元素(如图例和标签)在图上的放置位置时,交互式选定位置信息可能是一种非常好的办法。例如,在特异点(outlying point)的旁边标注一些提示信息,我们可以用下面的命令

```
text(locator(1), "Outlier", adj= 0)
```

(如果当前设备(如 postscript)不支持交互式使用,则 locator()会被自动忽略。)

identify(x, y, labels)允许用户将 labels 定义的标签(在 labels 为空时,默认为点的索引值)放置在 x 和 y(利用鼠标左键)决定的点旁边。当鼠标右键被点击时,返回选择的点的索引。

有时候我们想标定一个图上的一些特定点,而不是它们的位置。例如,我们可能期望用户能在图形显示上选择一些有意思的点,然后以某种方式处理。假定有两个数值向量 x 和 y 构成的一系列坐标(x, y),我们可以如下使用函数 identify():

```
plot(x, y)
identify(x, y)
```

函数 identify()自己不会标识,但允许用户简单的移动鼠标指针和在一个点附近点击鼠标左键。如果有一个点在鼠标指针附近,那么它将会把自己的索引值(也就是在 x/y 向量中的位置)标记在点的旁边。还有一种方案是,你可以通过 identify()的参数 labels 设置其他的文字信息(如样本名字等),并且可以通过参数 plot = FALSE 禁止标记重叠在一起。在这个过程结束时(见上面),identify()返回所选点的索引值;你可以利用这些索引值提取原始向量 x 和 y 中的点信息。

7.1 定位器

函数

```
locator(n = 512, type = "n", ...)
```

参数

n

定位点的最大数量。有效值从 1 开始

type

"n"、"p"、"l"或"o"其中之一。如果是"p"或"o"则绘制点;如果是"l"或"o"它们用线连接。

示例

下面我们来用定位器绘制 5 个点,这 5 个点是用鼠标在图中点击获得的。R 会在运行完之后显示出这 5 个点的具体坐标值。

```
x = rnorm(10)
plot(x)
locator(5,"o")
```

输出

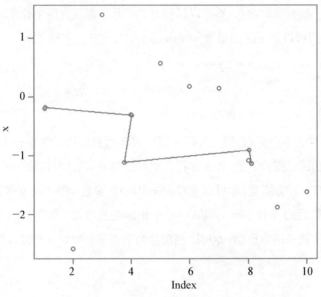

图7-1 定位器示例输出结果图

$x

[1] 1.016476 4.002746 3.755606 8.018764 8.101144

$y

[1] -0.1733755 -0.3083918 -1.1081037 -0.9003863 -1.1288754

7.2 识别器

函数

```
identify(x, y = NULL,
labels = seq_along(x),
pos = FALSE,
n = length(x),
plot = TRUE,
atpen = FALSE,
offset = 0.5,
tolerance = 0.25, ...)
```

参数

x，y

散点图的坐标点。

labels

给点标签的可选的特征向量。将作为字符被强制使用,并且根据 x 的长度如果有必要将被回收。多余的标签会被丢弃,用一个警告。

pos

如果 pos 值为真,一个组件被添加到返回值,显示在文本绘制点相对于每个确定点。

n

确定的点的最大数量。

plot

逻辑值：如果绘图为真，标签印刷在点附近,如果是假则省略。

atpen

逻辑值：如果真并且点 = TRUE,左下角的标签在点击的点绘制,而不是相邻的点。

offset

标签与标识点分开的距离(字符宽度)的。允许负值。如果 atpen = TRUE 不使用。

tolerance

指针足够接近一个点的最大距离(英寸)。

第 8 章 Lattice

R 语言绘图除了常用的 base,ggolot2 图形库以外,lattice 包是一个非常强大的高级绘图程序包。它由 Deepayan Sarkar 编写,这个程序包使 20 世纪 90 年代初期在贝尔实验室发展起来的 Trellis 框架变成了现实。它可以将数据子集的图像显示在一个单独的面板上。

Lattice 包主要有以下常用的高级函数。

表 8-1 lattice 包下常用的高级函数列表

函 数	图 形 类 型	函 数	图 形 类 型
histogram	直方图	xyplot	散点图
densityplot	核密度图	splom	散点图阵列
qqmatch	理论分位数图	contourplot	表面等高线图
qq	qq 图	levelplot	表面伪色彩图
stripplot	带形图	wireframe	三维表面透视图
bwplot	盒形图	cloud	三维散点图
dotplot	克利夫兰点图	parallel	平行坐标图
barchart	条形图		

另外 lattice 包有一个扩展包是基于 lattice 的,就是 R 的 latticeExtra 包。由于它可以轻松生成栅栏图形,因此许多用户都会使用它。lattice 包提供了丰富的函数,可生成单变量图形(点图、核密度图、直方图、柱状图和箱线图)、双变量图形(散点图、带状图和平行箱线图)和多变量图形(三维图和散点图矩阵)。

你需要运行下面的命令来下载和安装 lattice 软件包。

```
install.packages("lattice")
library(lattice)
```

Lattice 的各种高级绘图函数都服从以下格式：

```
graph_function(formula,data= ,options)
```

lgraph_function 是表 8-1 的第二栏列出的某个函数。
lformula 指定要展示的变量和条件变量，即表达式。
ldata 指定一个数据框。
loptions 是逗号分隔参数，用来修改图形的内容、摆放方式和标注。
表达式形式通常为：

```
y~ x|A* B
```

在竖线左边的变量称为主要（primary）变量，右边的变量称为条件（conditioning）变量。主要变量将变量映射到每个面板的坐标轴上，此处 y～x 表示变量分别映射到纵轴和横轴上。对于单变量绘图，用～x 代替 y～x 即可；对于三维图形，用 z～x*y 代替 y～x，而对于多变量绘图（散点图矩阵或平行坐标图）用一个数据框代替 y～x 即可。注意，条件变量总是可以自行挑选的。

根据上述的逻辑，～x｜A 即展示因子 A 各个水平下数值型变量 x 的分布情况；y～x｜A*B 即展示因子 A 和 B 各个水平组合下数值型变量 x 和 y 间的关系。而 A～x 则表示类别型变量 A 在纵轴上，数值型变量 x 在横轴上进行展示。～x 表示仅展示数值型变量。

表 8-2　lattice 包中的图形类型和相应函数

图 形 类 型	函 数 及 说 明	表达式示例
条形图	barchart()	x～A 或 A～x
箱线图	bwplot()	x～A 或 A～x
点图	dotplot()	～x｜A
直方图	histogram()	～x
核密度图	densityplot()	～x｜A * B
平行坐标图	parallelplot() 在这个函数中可以设置 $alpha = 0.01$ 参数控制线条粗细	dataframe
散点图	xyplot()	y～x｜A
散点图矩阵	splom()	dataframe
带状图	stripplot()	A～x 或 x～A
注意，在这些表达式中，小写字母代表数值变量，大写字母表示类型变量		

8.1 散点图

xyplot 产生二维散点图

函数

```
xyplot(x,
       data,
       allow.multiple = is.null(groups) || outer,
       outer = ! is.null(groups),
       auto.key = FALSE,
       aspect = "fill",
       panel = lattice.getOption("panel.xyplot"),
       prepanel = NULL,
       scales = list(),
       strip = TRUE,
       groups = NULL,
       xlab,
       xlim,
       ylab,
       ylim,
       drop.unused.levels = lattice.getOption("drop.unused.levels"),
       ...,
       lattice.options = NULL,
       default.scales,
       default.prepanel = lattice.getOption("prepanel.default.xyplot"),
       subscripts = ! is.null(groups),
       subset = TRUE)
```

参数

表 8-3 参数列表

x	这个参数在 lattice 包是通用的，x 是方法调度的对象。对于"公式"，x 必须是一个描述的主要变量（用于每块面板显示）和可选的调节变量（在不同的面板定义绘制子集）。
data	这个参数包括公式中的任何变量，同样适用全集和子集。如果没有找到数据，或者数据不明，变量在环境中寻找。对于其他方法（其中 x 不是一个公式），这个参数通常被忽略，经常在一个特定的警告当中。

续 表

参数	说明
allow.multiple	逻辑标志,指定上述公式扩展接口是否应该有效,默认值为 TRUE。
outer	逻辑标志,控制上述公式使用扩展接口所发生的状况。默认值为 FALSE,除非子集明确被指定或分组没有意义的默认功能。
box.ratio	适用于柱形图表和 bwplot。在空间指定矩形的宽度比。
horizontal	逻辑标志,适用于 bwplot、dotplot、stripplot 等。确定哪些 x 和 y 是一个因素或 shingle(y 如果这是真的,或者 x 为真)。
panel	一旦行子集获得定义为每一个独特的组合分组变量的水平,相应的 x 和 y 变量(或其他变量,在适当的情况下其他高级功能)传递给被绘制在每个面板。所做的实际绘图函数面板中指定的参数。参数可以是一个函数对象或一个字符串给一个预定义的函数的名称。每个高级函数都有自己的默认面板功能,命名为"面板"。
aspect	该参数控制面板的物理方面比,通常对所有的面板是相同的。它可以被指定为一个比例(垂直尺寸/水平尺寸)或字符串。
groups	计算数据的一个变量或表达式,预计在每个面板中将作为分组变量,通常用来区分不同群体的不同颜色和图形参数线类型。正式情况下,如果指定子集,然后子集连同下标传递给面板功能,预计处理这些参数。分组是合适的高级功能,默认的面板功能可以处理分组。
auto.key	作为参数 simpleKey 包含组件的逻辑值或列表。auto.key = TRUE,在这种情况下 simpleKey 叫做与一组默认参数(这可能取决于相关的高级功能)。关键参数的最有效的组件可以以这种方式指定,如 simpleKey 只会产生未识别参数到它产生的列表。
prepanel	接受相同的参数面板函数并返回一个列表的函数,可能包含组件名叫 xlim ylim、dx、dy(xat 或者 yat)。用户提供的 prepanel 函数的返回值不需要包含所有这些组件,取而代之的是特定组件的默认值
strip	逻辑标志。默认 false,条框将无法绘制。否则,将使用条函数,默认为 strip.default。这个描述也适用于 strip.left 参数它可以用来在面板的左边画条(用于宽短板,如时序图)。
xlab	字符或表达式(或"grob")给标签(s)的轴。一般默认为 x 的公式定义的表达式。可以指定为 NULL 完全省略标签。更好的控制是可行的,作为主要的条目中所描述的,如果省略标签组件的修改从列表中,默认 xlab 所取代。
ylab	字符或表达式(或"grob")给 y 轴标签。一般默认为定义图表的 y 的公式表达式。更好的控制是可行的,参见主要和 xlab 条目。
scales	通常列表确定绘制的 x - y 轴(刻度线和标签)。列表包含参数名称＝值形式,也可以有两个列表称为 x 和 y 的形式。组件 x 和 y 的只影响各自的轴,而尺度的影响两者。当参数中指定列表,使用 x 或 y 的值。注意,某些高级功能默认值针对特定轴,这些只能在相应尺度的组件被一个条目覆盖。
subscripts	逻辑标记,指定一个下标向量是否应该传递到面板函数。默认值为 FALSE,除非指定子集,或如果面板函数接受一个参数指定下标。
subset	一个计算逻辑或整数索引向量的表达式,如果下标是真,下标将提供给面板函数指数指的是之前行数据来构造子集。数据帧的水平的因素是否在未使用的构造子集将取决于 drop.unused。

下面我们用几个示例来展示如何使用 xyplot 函数。

这个例子比较简单，首先我们创建 2 个数据，然后使用 gl 函数来做条件变量，横坐标为 x，纵坐标为 y。

示例

```
x <- rnorm(100)
y <- x + rnorm(100, sd = 0.5)
f <- gl(2, 50, labels = c("第一组", "第二组"))
xyplot(y ~ x | f)
```

输出

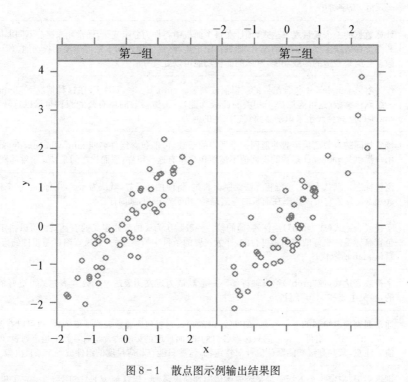

图 8-1 散点图示例输出结果图

首先我们来绘制一个地震数据分析图。横坐标表示经度，纵坐标表示纬度，图中的点的数据表示深度。我们使用 8 个子图来进行绘制。我们首先使用 quakes 数据来载入数据，总共是 8 组数据，后使用 xyplot 函数来绘制。

示例

```
Depth < - equal.count(quakes$ depth, number= 8, overlap= .1)
xyplot(lat ~ long| Depth, data = quakes)
```

输出

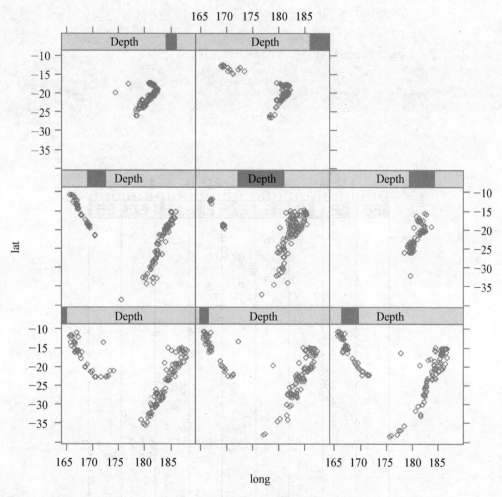

图 8-2 自动创建面板示例输出结果图

这个示例主要展示如何在程序中自动创建面板，以及使用并列的面板来绘制。首先我们使用 ethanol 数据集，要现实的数据有 9 组。并且面板使用 loess 函数，span 设定为 1，坐标轴比例使用 xy。

示例

```
EE < - equal.count(ethanol$ E, number= 9, overlap= 1/4)
xyplot(NOx ~ C | EE, data = ethanol,
       prepanel = function(x, y) prepanel.loess(x, y, span = 1),
       xlab = "压缩比", ylab = "单位",
       panel = function(x, y) {
          panel.grid(h = - 1, v = 2)
          panel.xyplot(x, y)
          panel.loess(x, y, span= 1)
       },
       aspect = "xy")
```

输出

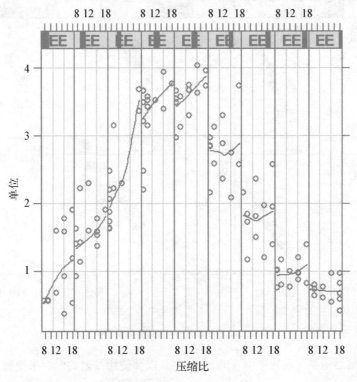

图 8-3　输出结果图

8.2 点图

函数

```
dotplot(x,
        data,
        panel = lattice.getOption("panel.dotplot"),
        default.prepanel = lattice.getOption("prepanel.default.dotplot"),
        ...)
```

参数

参考 xyplot

示例

```
dotplot(variety ~ yield | year * site, data= barley)
```

输出

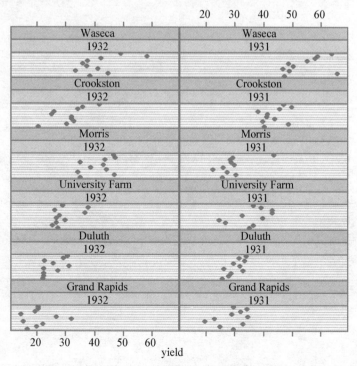

图 8-4 点图示例输出结果图

8.3 箱线图

bwplot 函数用来画箱线图

函数

```
bwplot(x,
       data,
       allow.multiple = is.null(groups) || outer,
       outer = FALSE,
       auto.key = FALSE,
       aspect = "fill",
       panel = lattice.getOption("panel.bwplot"),
       prepanel = NULL,
       scales = list(),
       strip = TRUE,
       groups = NULL,
       xlab,
       xlim,
       ylab,
       ylim,
       box.ratio = 1,
       horizontal = NULL,
       drop.unused.levels = lattice.getOption("drop.unused.levels"),
       ...,
       lattice.options = NULL,
       default.scales,
       default.prepanel = lattice.getOption("prepanel.default.bwplot"),
       subscripts = ! is.null(groups),
       subset = TRUE)
```

参数

参考 xyplot

这个展示了歌手声音高度的箱线图。横坐标表示声音的高度。纵坐标是不同的歌手。

示例

```
bwplot(voice.part ~ height, data= singer, xlab= "高度")
```

输出

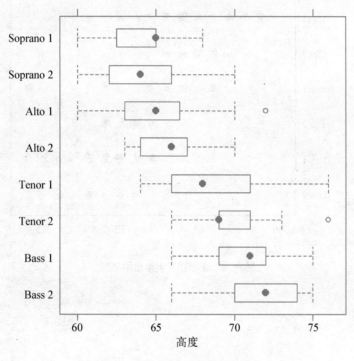

图 8-5 箱线图示例输出结果图

8.4 条形图

下面我们用条形图来绘出跟图 8-3 中箱线图同样的信息。

示例

```
stripplot(voice.part ~ jitter(height), data = singer, aspect = 1,
          jitter.data = TRUE, xlab = "高度")
```

输出

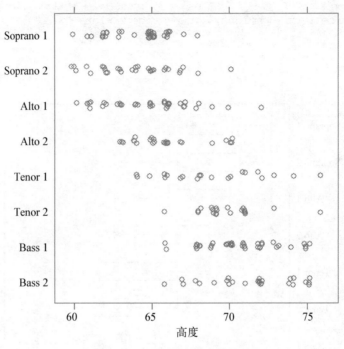

图 8-6 条形图示例输出结果图

8.5 带形图

简介

barchart 用来画带形图。

函数

```
barchart(x,
        data,
        panel = lattice.getOption("panel.barchart"),
        default.prepanel = lattice. getOption ( " prepanel. default.
        barchart"),
        box.ratio = 2,
        ...)
```

参数

参考 xyplot

这个示例使用 barchart 来绘制不同产品的产量图。横坐标表示不同的产品,纵坐标表示产量。这里我们使用 layout 函数来进行分组,一共是一列六组。键值放在右边。同时横坐标的标尺做 45 度的倾斜。

示例

```
barchart(yield ~ variety | site, data = barley,
         groups = year, layout = c(1,6), stack = TRUE,
         auto.key = list(space = "right"),
         ylab = "产量",
         scales = list(x = list(rot = 45)))
```

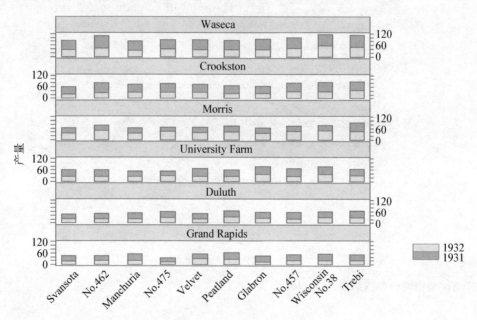

图 8-7　带形图示例输出结果图

8.6　直方图

histogram 用来画直方图。

函数

```
histogram(x,
          data,
          allow.multiple, outer = TRUE,
          auto.key = FALSE,
          aspect = "fill",
          panel = lattice.getOption("panel.histogram"),
          prepanel, scales, strip, groups,
          xlab, xlim, ylab, ylim,
          type = c("percent", "count", "density"),
          nint = if (is.factor(x)) nlevels(x)
          else round(log2(length(x)) + 1),
          endpoints = extend.limits(range(as.numeric(x),
                          finite = TRUE), prop = 0.04),
          breaks,
          equal.widths = TRUE,
          drop.unused.levels =
              lattice.getOption("drop.unused.levels"),
          ...,
          lattice.options = NULL,
          default.scales = list(),
          default.prepanel =
              lattice.getOption("prepanel.default.histogram"),
          subscripts,
          subset)
```

参数

跟 xyplot 相同的参数请参考 xyplot 小节。

表 8-4 参数列表

参数	说明
type	字符串类型，表示的直方图的类型。"百分比"和"数"给相对频率和频率直方图 当断点不平等分割时类型默认为"密度"，当间隔为空或一个函数的时候，"百分比"
nint	指定直方图箱数量的整数
endpoints	长度为 2 的数值向量指示由柱状图覆盖的 x 值的范围。这只适用于当间隔未指定并且绘制的变量不是一个因素。在间隔中，这指定了划分的区间

续 表

breaks	通常一个数值向量的长度定义断点的箱子。注意,当断点不等距的,唯一有意义的值的类型是密度
equal.widths	逻辑标记,如果是真,等距的箱子会被选中,否则,近似等于区域箱将被选中(通常产生不均匀间隔断点)

本示例中我们同样来绘制歌手的声音高度。纵坐标默认是百分比。这里我们 layout 来进行布局,为两列四行。总共 18 个柱形。断点有 2 个,分别设置在 49.5 和 76.5。

示例

```
histogram( ~ height | voice.part, data = singer, nint = 18,
         endpoints = c(49.5, 76.5), layout = c(2,4), aspect = 1,
         xlab = "高度")
```

输出

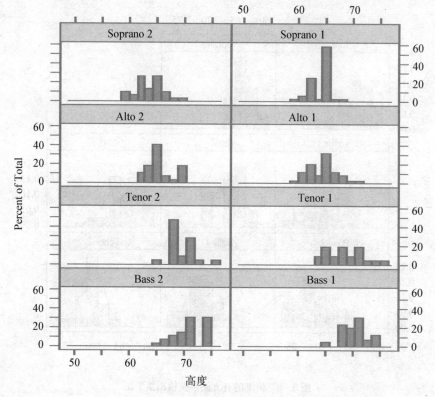

图 8-8 直方图示例输出结果图

下面我们用另外一个例子来展示密度的直方图。同样，我们使用声音的高度来绘图，面板函数同样使用密度函数。

示例

```
histogram( ~ height | voice.part, data = singer,
          xlab = "高度", type = "density",
          panel = function(x, ...) {
              panel.histogram(x, ...)
              panel.mathdensity(dmath = dnorm, col = "black",
                                args = list(mean= mean(x),sd= sd(x)))
          })
```

输出

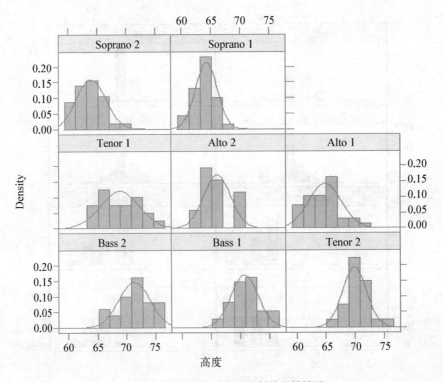

图 8-9　密度的直方图示例输出结果图

8.7 核密度图

Densityplot 函数用来绘制核密度图。

函数

```
densityplot(x,
        data,
        allow.multiple = is.null(groups) || outer,
        outer = ! is.null(groups),
        auto.key = FALSE,
        aspect = "fill",
        panel = lattice.getOption("panel.densityplot"),
        prepanel, scales, strip, groups, weights,
        xlab, xlim, ylab, ylim,
        bw, adjust, kernel, window, width, give.Rkern,
        n = 50, from, to, cut, na.rm,
        drop.unused.levels =
            lattice.getOption("drop.unused.levels"),
        ...,
        lattice.options = NULL,
        default.scales = list(),
        default.prepanel =
            lattice.getOption("prepanel.default.densityplot"),
        subscripts,
        subset)
```

参数

参考 xyplot

我们同样用声音高度绘制来展示如何使用核密度函数。从输出我们可以发现跟直方图里面的密度输出有点类似。

示例

```
densityplot( ~ height | voice.part, data = singer, layout = c(2, 4),
        xlab = "高度", bw = 4)
```

输出

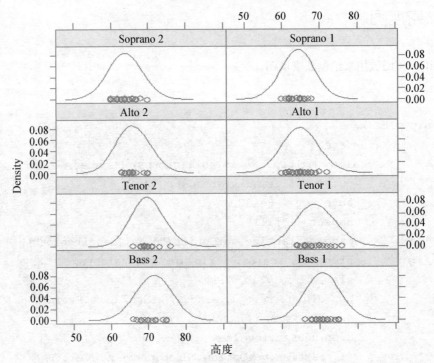

图 8-10 核密度示例输出结果图

8.8 QQ 图

跟 base 一样，lattice 也提供给了 QQ 图来绘制 2 个分布对比的图。

函数

```
qq(x, data, aspect = "fill",
  panel = lattice.getOption("panel.qq"),
  prepanel, scales, strip,
  groups, xlab, xlim, ylab, ylim, f.value = NULL,
  drop.unused.levels = lattice.getOption("drop.unused.levels"),
  ...,
  lattice.options = NULL,
  qtype = 7,
```

```
    default.scales = list(),
    default.prepanel = lattice.getOption("prepanel.default.qq"),
    subscripts,
    subset)
```

参数

参考 xyplot

下面使用了子集,从数据中选取了 Bass 和 Tenor 的数据,然后来绘制两个数据集的 QQ 图。

示例

```
qq(voice.part ~ height, aspect = 1, data = singer,
   subset = (voice.part = = "Bass 2" | voice.part = = "Tenor 1"))
```

输出

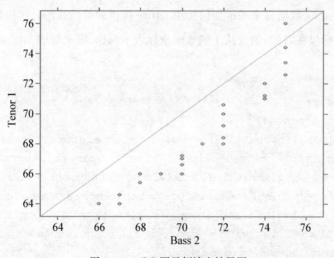

图 8 - 11　QQ 图示例输出结果图

8.9　等高线图

contourplot 函数用来绘制等高线图。等高线采用弧线将相同海拔的点连接在一起。换句话说,如果每个标注的点都在 100 米的高度,这条线代表的就是 100 米海拔。

函数

```
contourplot(x,
            data,
            panel = lattice.getOption("panel.contourplot"),
            default.prepanel =
                lattice.getOption("prepanel.default.contourplot"),
            cuts = 7,
            labels = TRUE,
            contour = TRUE,
            pretty = TRUE,
            region = FALSE,
            ...)
```

参数

参考 xyplot

下面我们使用 stats 数据集来展示如何使用 lattice 提供的等高线图。这里我们使用不同的颜色代表辐射强度。标尺在右侧，刻度从 1 到 8 横坐标表示风速，纵坐标表示温度。

示例

```
require(stats)
attach(environmental)
ozo.m <- loess((ozone^(1/3)) ~ wind * temperature * radiation,
      parametric = c("radiation", "wind"), span = 1, degree = 2)
w.marginal <- seq(min(wind), max(wind), length.out = 50)
t.marginal <- seq(min(temperature), max(temperature), length.out = 50)
r.marginal <- seq(min(radiation), max(radiation), length.out = 4)
wtr.marginal <- list(wind = w.marginal, temperature = t.marginal,
        radiation = r.marginal)
grid <- expand.grid(wtr.marginal)
grid[, "fit"] <- c(predict(ozo.m, grid))
contourplot(fit ~ wind * temperature | radiation, data = grid,
          cuts = 10, region = TRUE,
          xlab = "风速",
          ylab = "温度")
detach()
```

输出

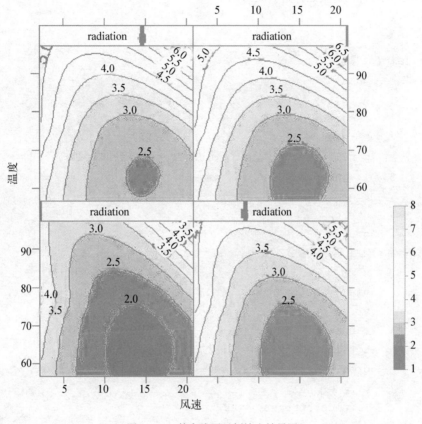

图 8-12 等高线图示例输出结果图

8.10 平行坐标图

　　parallelplot 用来绘制平行坐标图。多变数资料集的平行坐标呈现方式可以把多变数的交互作用显现在二维的平面图上。传统数学中不同维度互相正交的基本假设限制了显现坐标系统的方法，因而最多只能观看三维系统。平行坐标的方法把这个假设推翻，而用互相平行的轴来表示不同的维度，这样一来，能显现的维度除了屏幕的分辨率外，几乎就没有什么限制了。一个在 N 维空间的点可以转换成平行坐标。每个轴有它自己的刻度，N 维点的各个分量各自落在对应的轴上，而 N 维的资料点就成为连接各个轴上之点的一条折线。举例来说，一个二维直角坐标系中的点是以一条连接两个平行坐标轴的直线来表示。在平行坐标图上增加维度很简单,只要在图的右边增加坐标轴,再把折线延伸过去就可以了。

函数

```
parallelplot(x,
      data,
      auto.key = FALSE,
      aspect = "fill",
      between = list(x = 0.5, y = 0.5),
      panel = lattice.getOption("panel.parallel"),
      prepanel,
      scales,
      strip,
      groups,
      xlab = NULL,
      xlim,
      ylab = NULL,
      ylim,
      varnames = NULL,
      horizontal.axis = TRUE,
      drop.unused.levels,
      ...,
      lattice.options = NULL,
      default.scales,
      default.prepanel = lattice.getOption("prepanel.default.
        parallel"),
      subset = TRUE)
```

参数

参考 xyplot

下面我们用 iris 数据集来展示如何使用平行坐标图。这里我们取出 iris 的 1 到 4 的数据,然后用 Species 作为条件来绘制。

示例

```
parallelplot(~ iris[1:4] | Species, iris)
```

输出

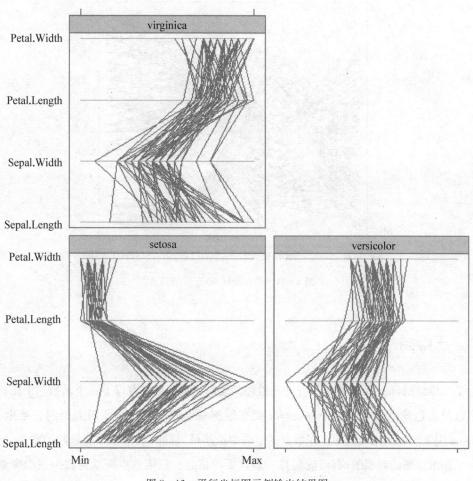

图 8-13 平行坐标图示例输出结果图

基于上述例子，我们做一些优化。我们把图像旋转 90 度，这样更加方便来观察。
示例

```
parallelplot(~ iris[1:4], iris, groups = Species,
            horizontal.axis = FALSE, scales = list(x = list(rot =
            90)))
```

输出

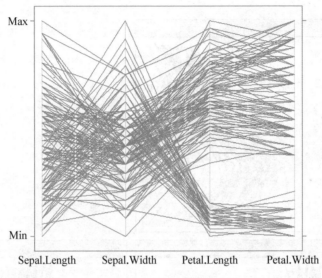

图 8-14　图像旋转 90 度后结果

8.11　三维图

除了二维绘制，lattice 还提供了一些三维图的绘制函数。主要有以下三个函数。下图列出了函数名以及表达式的示例。其中 levelplot 用来绘制三维水平图，cloud 用来绘制三维散点图，wireframe 用来绘制三维线框图。在散点图矩阵中虽然可以同时观察多个变量间的联系，但是两两进行平面散点图的观察的，有可能漏掉一些重要的信息。三维散点图就是在由三个变量确定的三维空间中研究变量之间的关系，由于同时考虑了三个变量，常常可以发现在两维图形中发现不了的信息。

表 8-5　三维图函数列表

图形类型	函数及说明	表达式示例
三维水平图	levelpolt()	z~y*x
三维散点图	cloud()	z~x*y|A
三维线框图	wireframe()	z~y*x

示例

```
levelplot(volcano)
```

输出

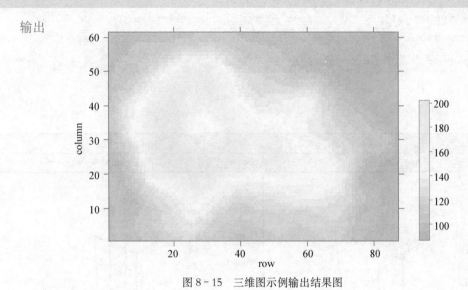

图 8-15 三维图示例输出结果图

示例

```
wireframe(volcano)
```

输出

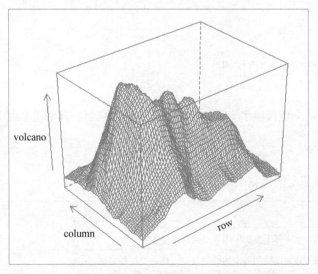

图 8-16 三维图输出结果

示例

```
cloud(prop.table(Titanic, margin = 1:3),
      type = c("p", "h"), strip = strip.custom(strip.names = TRUE),
      scales = list(arrows = FALSE, distance = 2), panel.aspect = 0.7,
      zlab = ("Proportion")[, 1]
```

输出

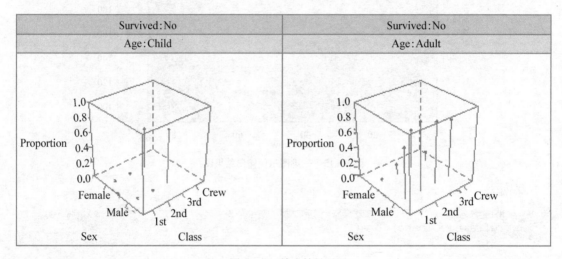

图 8-17　输出结果图

8.12　图形参数及选项控制

跟 base 一样,lattice 也提供了大量的图形参数和选项控制。其中很多跟 base 类似,我们把常见的选项罗列如下。

表 8-6　lattice 中高级绘图函数的常见选项

选项	描述
aspect	数值,设定每个面板中图形的宽高比
col、pch、lty、lwd	向量,分别设置图形中的颜色、符号、线条类型和宽度 pch 除了使用数值变量,还可以直接使用字符变量

续表

选项	描述
groups	用来分组的变量(因子)
index.cond	列表,设置面板的展示顺序
key(或 auto.key)	函数,添加分组变量的图例符号
layout	两元素数值型向量,设定面板的摆放方式(行数和列数);如需要,可以添加第三个元素,以指定页数
main、sub	字符向量,设定主标题和副标题
panel	函数,设定每个面板要生成的图形
scales	列表,添加坐标轴标注信息
strip	函数,设定面板条带区域 数值向量,在一页上绘制多个图形
split、position	由于 lattice 函数不识别 par() 设置,因此你需要另辟蹊径。最简单的方法便是先将 lattice 图形存储到对象中,然后利用 plot() 函数中的 split = 或 position = 选项来进行控制
type	字符型向量,设定一个或多个散点图的绘图参数(如 p=点、l=线、r=回归、smooth=平滑曲线、g=格点)
xlab、ylab	字符向量,设定横轴和纵轴标签
xlim、ylim	两个元素的数值向量,分别设置横轴和纵轴的最小值和最大值

下面我们用几个例子来说明如何使用这些选项。

示例用来分组的变量(因子)

```
mtcars$ transmission <- factor(mtcars$ am,levels = c(0,1),labels = c
   ("Automatic","Manual"))
colors <- c("red","blue")
lines <- c(1,2)
points <- c(16,17)
key.trans <- list(title = "Trasmission",space = "bottom",columns = 2,
text = list(levels(mtcars$ transmission)),
points = list(pch = points,col = colors),
lines = list(col = colors,lty = lines),
cex.title = 1,cex = .9)
densityplot(~ mpg,data = mtcars,groups = transmission,
main = "MPG Distribution by Transmission Type",
xlab = "Mile per Gallon",
pch = points,lty = lines,col = colors,lwd = 2,jitter = .005,
key = key.trans)
```

输出

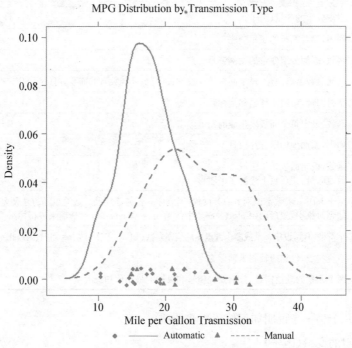

图 8-18　图形参数示例输出结果图

示例 split、position

```
graph1 <- histogram(~ height|voice.part,data = singer,
main = "Heights of Choral Singers by Voice Part")
graph2 <- densityplot(~ height,data = singer,groups = voice.part,
plot.points = F,auto.key = list(columns = 4))
plot(graph1,split = c(1,1,1,2))
plot(graph2,
split = c(1,2,1,2)
newpage = F)
plot(graph1,position = c(0,.3,1,1))
plot(graph2,position = c(0,0,1,.3)
newpage = F)
```

输出

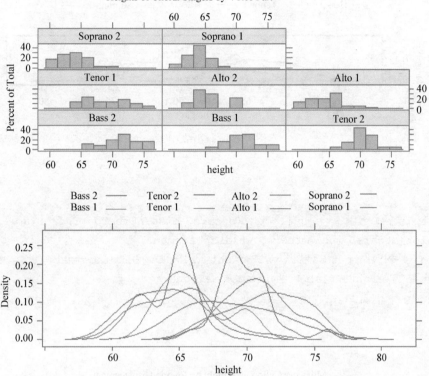

图 8-19 示例输出结果图

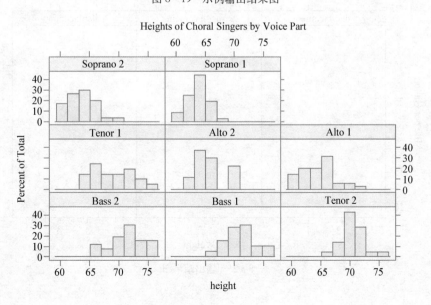

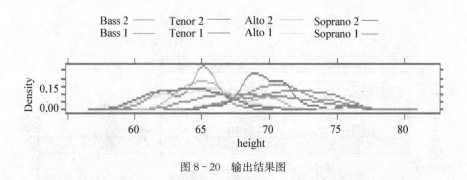

图 8-20 输出结果图

示例

```
(displacement < - equal.count(mtcars$ disp,number = 3,overlap = 0))
xyplot(mtcars$ mpg~ mtcars$ wt|displacement,
main = "Miles per Gallon vs. Weight by Engine Displacement",
xlab = "Weight",ylab = "Mile per Gallon",
layout = c(3,1),aspect = 1.5)
```

输出

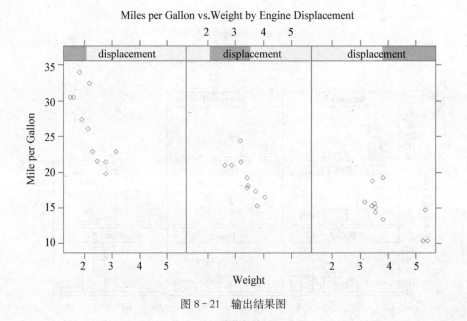

图 8-21 输出结果图

示例

```
show.settings()
mysettings <- trellis.par.get()
mysettings$ superpose.symbol
mysettings$ superpose.symbol$ pch <- 1:10
trellis.par.set(mysettings)
show.settings()
```

输出

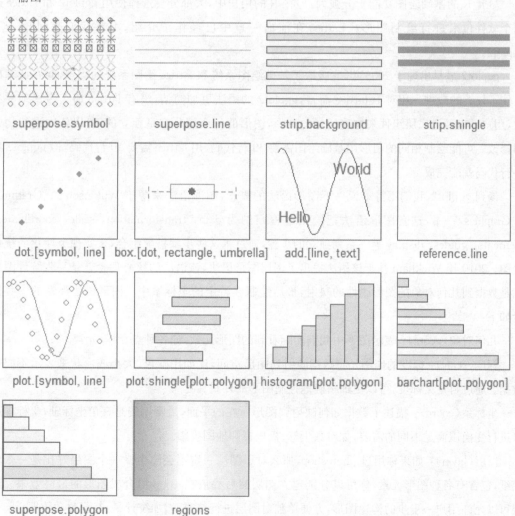

图 8-22 输出结果图

第 9 章　ggplot2

尽管 R 的基础绘图功能十分强大，但在 R 的用户中，大部分会选择使用 ggplot2 和 lattice 这两个软件包来进行绘制图形。Lattice 在前面一章中已经作了介绍，本章我们来讨论一下 ggplot2。

ggplot2 最早出现于 2005 年，它吸取了基础绘图系统和 lattice 绘图系统的优点，并在此基础上作了较大的改进。相对于 lattice 而言，ggplot2 的语法更加简洁，没有 lattice 那么多繁琐的参数，用户可以通过底层组件来构建任意的图形，图形的每个部分都是独立的，可以依次进行构建和修改。可能绘制相同的图形用基础绘图需要 30 行代码，用 lattice 需要 10 行代码，但 ggplot2 用一行代码就能完成。

谈到 ggplot2，我们不得不说一下图形语法的概念，图形语法来源于 Wilkinson 的《Grammar of Graphics》一书，这套图形语法把绘图过程归纳为 data，transformation，scale，coordinates，elements，guides，display 等一系列独立的步骤，通过将这些步骤搭配组合，来实现个性化的统计绘图。2010 年 Wickham 基于该语法提出了图层图形语法，该语法的核心理念就是一张统计图形就是数据到几何对象的图形属性的映射，最后绘制在特定的坐标系中。图形语法涉及的一些概念如下：

几何对象（geom）：表示图形中我们实际看到的图形元素，如各种点、线等元素。

标度（scale）：标度的作用是将数据映射到图形空间，比如用颜色、大小或形状来表示不同的数据。通过自定义标度，可以更加精确地控制图形的外观。

坐标系（coord）：描述了数据如何映射到图形所在的平面，最常用的是直角坐标轴，坐标轴可以进行变换以满足不同的需要，如对数坐标、极坐标和地图投影。

图层（layer）：如果你用过 photoshop，那么对于图层一定不会陌生。一个图层好比是一张玻璃纸，包含有各种图形元素，你可以分别建立图层然后叠放在一起，组合成图形的最终效果。图层可以允许用户一步步的构建图形，方便单独对图层进行修改、增加统计量、甚至改动数据。

分面（facet）：很多时候需要将数据按某种方法分组，分别进行绘图，分面就是控制分组绘图的方法和排列形式。通过坐标系和分面,用户可以控制图形元素的位置。

首先我们来通过 qplot() 函数来认识一下 ggplot2 中上述概率的具体含义。

9.1 快速作图

简介

qplot() 是 ggplot2 中的快速作图函数(quick plot),与基本作图包中的 plot() 比较类似。

函数

```
qplot(x, y = NULL, ..., data, facets = NULL, margins = FALSE,
  geom = "auto", xlim = c(NA, NA), ylim = c(NA, NA), log = "",
  main = NULL, xlab = deparse(substitute(x)),
  ylab = deparse(substitute(y)), asp = NA, stat = NULL, position = NULL)
```

参数

x, y

传递到每一图层中的图形属性,简而言之就是分别代表所画图层的 X 坐标和 Y 坐标。

data

作图使用的数据框(可选),如果指定了数据框,qplot() 会首先在数据框内查找变量名;如果没有指定数据框,R 就会在当前环境中尝试提取向量创建一个数据框。

facets

图形/数据的分面。这是 ggplot2 作图比较特殊的一个概念,它把数据按某种规则进行分类,每一类数据作一个图形,所以最终效果就是一页多图。

margins

是否显示分面边界。

geom

图形的几何类型(geometry)。ggplot2 用几何类型表示图形类别,比如 point 表示散点图、line 表示曲线图、bar 表示柱形图等。如果指定了 x 和 y 的值,则默认情况下绘制散点图,如果仅指定了 x,则默认绘制直方图。

xlim, ylim

X 轴和 Y 轴的取值范围,均为长度为 2 的数值向量。

log

对指定变量进行对数转换。

main，xlab，ylab

分别表示指定图例主标题，x 轴标签和 y 轴标签，这三个参数既可以是字符串，也可以是表达式。

asp

纵横比

示例

下面的例子中，利用 ggplot2 包中自带的数据框 mtcars 来进行作图示例。依次输入以下命令，可得到四张不同的图。

```
qplot(mpg, wt, data = mtcars)
qplot(mpg, wt, data = mtcars, colour = cyl)
qplot(mpg, wt, data = mtcars, size = cyl)
qplot(mpg, wt, data = mtcars, facets = vs ~ am)
```

输出

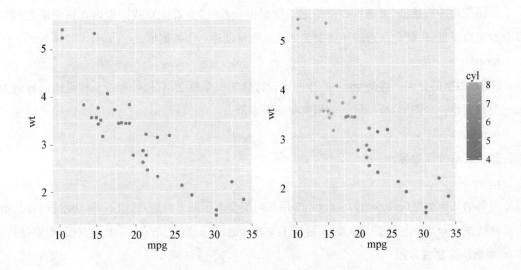

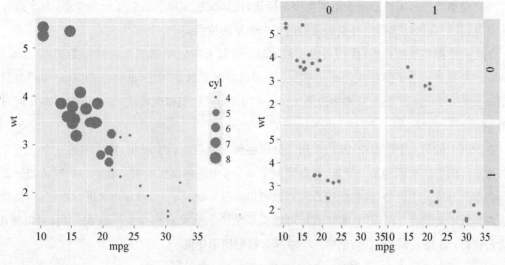

图 9-1 qplot 快速绘图

在上述四个例子中,我们可以看到除了常规的参数外,还有 colour、size、shape 等其他图形属性参数,分别用点的颜色、点的大小以及点的形状表示不同的数值。这些颜色、大小和形状都是由 ggplot2 自动控制的,但我们同样可以利用 I() 来手动设定图形属性。例如我们用 colour = I("green")将点设置成绿色。

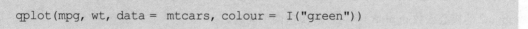

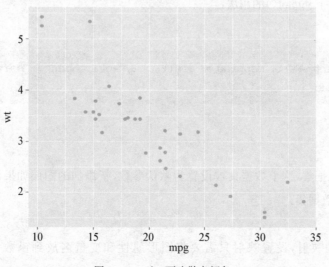

图 9-2 qplot 更改散点颜色

不同类型的图形属性适用于不同类型的变量，比如颜色和形状适合于分类变量，大小适合于连续变量，我们在进行选择的时候必须提前考虑变量的特点。

上面的绘图都是散点图，我们可以通过 geom 参数来指定绘制的几何对象类型，如 geom = "smooth"将拟合一条平滑曲线，geom = "boxplot"将绘制箱线胡须图，geom = "histogram"绘制直方图，geom = "freqpoly"绘制频率多边形，geom = "density"绘制密度曲线，另外还有许多几何对象类型，不再一一列举。

在示例中的第 4 个图形中，我们采用了分面将数据分割成若干子集，然后创建一个 2 行 2 列的图形矩阵的方法来区别某一变量，有点类似于 origin 中的多面板绘图。qplot()中默认的分面方法是将图形分成若干窗格，窗格的行数和列数可以通过 row_var ～ col_var 来进行指定，但是建议行数或列数不要超过 2，否则生成的图片可能会非常大。如果只想指定一行或一列，可以使用 . 作为占位符，如 row_var ～ . 会创建一个单列多行的图形矩阵。

9.2　图形语法

尽管 qplot()作为 ggplot2 的快速作图（quick plot）函数，能够极大地简化作图步骤，容易入门和上手，但是缺点也是显而易见的：首先，由于是快速绘图，在绘图过程中使用了很多默认的绘图参数，用户无法进行手动指定；其次，qplot()只能使用一个数据集和一组图形属性映射。而 ggplot2 的核心函数 ggplot()则可以解决这两个问题。

我们先来看一下 ggplot()的用法：

函数

```
ggplot(data = NULL, mapping = aes(), ..., environment = parent.frame()) +
    graph_function
```

参数

data

绘图使用的数据集，这个数据集被设置为默认参数，新添加的图层如果没有指定新的数据集，将会使用这一数据集。

mapping

绘图时使用的映射，设置映射只需要将图形属性和变量名放到函数 aes()的括号里面即可。

environment

当映射中的变量没有在数据集中找到时,ggplot()会在该数据集中进行查找。

graph_function

表示几何对象类型的函数,如散点图为 geom_point()。

示例

```
ggplot(mtcars, aes(mpg, wt, colour = cyl)) +  geom_point()
```

输出

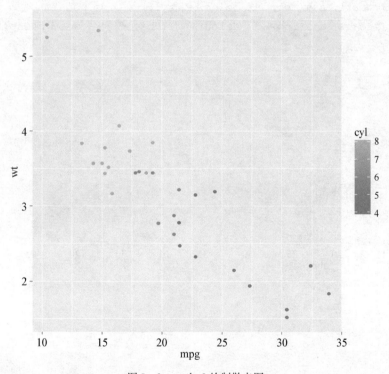

图9-3　ggplot2绘制散点图

aes()函数用来将数据变量映射到图形中,从而使数据成为可见的图形属性,aes()函数有一系列的图形属性参数,如 aes(x= weight, y= height, colour= age),其中 x 和 y 的名称可以省略,可以写成 aes(weight, height),这时 weight 和 height 会自动匹配到 x 和 y,等价于 aes(x= weight, y= height);同时,x 和 y 也可以是变量的函数值,如 aes(x = mpg^2, y = wt / cyl),但是其他属性参数的名称不可以忽略。比如,如果需要设定颜色的映射,需指定 colour= age。

其中geom_point()通过"+"号以图层的方式加入点的几何对象,如果我们只输入ggplot(mtcars, aes(mpg, wt, colour = cyl)),回车后只会显示坐标轴,而不会显示数据,这时的ggplot函数初始化了一个ggplot图形对象,只有当给图形对象添加了几何对象后,才得到如上图所示的散点图。其他还有一些诸如geom_xxx()的函数,可以添加不同的几何对象,如geom_line()、geom_bar()等,我们在后文中将会详细介绍ggplot2中的几个重要的绘图函数。

试比较如下三条绘图语句所绘图形的差异:

```
ggplot(mtcars, aes(mpg, wt)) + geom_point(colour= "blue")
ggplot(mtcars, aes(mpg, wt, colour = cyl)) + geom_point()
ggplot(mtcars, aes(mpg, wt, colour = I("blue"))) + geom_point()
```

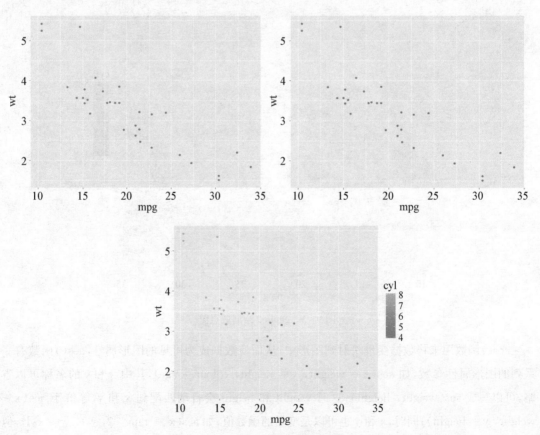

图9-4 ggplot2不同方法绘制的散点图

图 9-4 上和图 9-4 下在外表上看基本是一样的,但是实际上是有差别的,第一条语句通过 geom_point()函数将散点设置成蓝色,再与坐标系所在图层进行叠加,形成第 1 张图;而第三条绘图语句是将颜色作为一个变量映射到了坐标系所在图层中,只不过这个变量只有一个取值,类似地是第二条语句,将变量 cyl 映射到坐标系所在图层,其中变量 cyl 有多个取值。

再来看一下 ggplot2 的分组。分组与分面不一样,分组也是 ggplot2 映射关系的一种,默认情况下 ggplot2 把所有数据分为了一组,如果需要把数据按额外的离散变量进行分组处理,必须修改默认的分组设置。如下面的例子:

```
ggplot(data = mtcars, mapping = aes(x = wt, y = hp)) + geom_line()
# 默认分组设置,即 group= 1
# geom_line 为折线图的几何对象
ggplot(data = mtcars, mapping = aes(x = wt, y = hp, group = factor
    (gear))) + geom_line()
# 把 wt 和 hp 所对应的观测点按 gear(gear 以因子化变为离散变量)进行分组
```

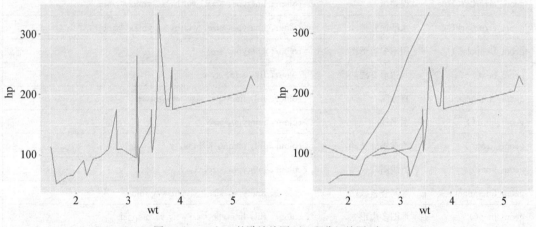

图 9-5 ggplot2 的默认绘图(左)和分组绘图(右)

上文提到我们可以通过形如 geom_xxx()的函数添加对应的几何对象,如绘制条形图(bar)的函数为 geom_bar(),绘制箱线图的函数为 geom_boxplot(),不同的绘图函数可能会具有不同的属性,如箱线图具有 colour、fill、lower、middle、size、upper、weight、x、ymax、ymin 等属性,而散点图则只有 colour,fill、shape、size、x、y 等属性。ggplot2 中可以绘制的几何图形及其属性见表 9-1:

表 9-1　ggplot 2 中可以绘制的几何图形及其属性列表

函　数	描　述	属　性
geom_abline()	直线图	colour, linetype, size
geom_area()	面积图	colour, fill, linetype, size, x, y
geom_bar()	条形图	colour, fill, linetype, size, weight, x
geom_bin2d()	2维热图	colour, fill, linetype, size, weight, xmax, xmin, ymax, ymin
geom_blank()	空白	
geom_boxplot()	箱线图	colour, fill, lower, middle, size, upper, weight, x, ymax, ymin
geom_contour()	等高线图	colour, linetype, size, weight, x, y
geom_crossbar()	盒子图	colour, fill, linetype, size, x, y, ymax, ymin
geom_density()	光滑密度曲线图	colour, fill, linetype, size, weight, x, y
geom_density2d()	二维密度等高线图	colour, linetype, size, weight, x, y
geom_dotplot()	点直方图	colour, fill, x, y
geom_errorbar()	误差棒	colour, linetype, size, width, x, ymax, ymin
geom_errorbarh()	水平误差棒	colour, linetype, size, width, y, ymax, ymin
geom_freqpoly()	频率多边形图	colour, linetype, size
geom_hex()	六边形2维热图	colour, fill, size, x, y
geom_histogram()	直方图	colour, fill, linetype, size, weight, x
geom_hline()	水平线	colour, linetype, size
geom_Jitter()	给点添加扰动	colour, fill, shape, size, x, y
geom_line()	折线图	colour, linetype, size, x, y
geom_linerange()	区间竖直线图	colour, linetype, size, x, ymax, ymin
geom_map()	地图多边形	colour, fill, linetype, size, x, y, map_id
geom_path()	轨迹图	colour, linetype, size, x, y
geom_point()	散点图	colour, fill, shape, size, x, y
geom_pointrange()	区间点竖直线图	colour, fill, linetype, shape, size, x, y, ymax, ymin
geom_polygon()	多边形图	colour, fill, linetype, size, x, y
geom_quantile()	添加分位数回归线	colour, linetype, size, weight, x, y
geom_raster()	矩形瓦片图	colour, fill, linetype, size, x, y

续表

函　　数	描　　述	属　　性
geom_rect()	2维矩形图	colour, fill, linetype, size, xmax, xmin, ymax, ymin
geom_ribbon()	色带图	colour, fill, linetype, size, x, ymax, ymin
geom_rug()	边际地毯图	colour, linetype, size
geom_segment()	添加线段或箭头	colour, linetype, size, x, xend, y, yend
geom_smooth()	添加平滑线	alpha, colour, fill, linetype, size, weight, x, y
geom_step()	阶梯图	colour, linetype, size, x, y
geom_text()	文本注释	angle, colour, hjust, label, size, vjust, x, y
geom_tile()	瓦片图	colour, fill, linetype, size, x, y
geom_violin()	小提琴图	weight, colour, fill, size, linetype, x, y
geom_vline()	竖直线	colour, linetype, size

接下来我们对其中的几种常见绘图类型作详细的介绍。

9.3 散点图

散点图一般用来描述两个连续变量之间的关系,图中的每一个点表示一个观测值,根据散落在图中点的位置,可以判断数据的大概趋势。另外,人们也会在散点图中添加基于统计模型的趋势线来更直观地显示数据趋势。

函数

```
geom_point(mapping = NULL, data = NULL, stat = "identity",
  position = "identity", ..., na.rm = FALSE, show.legend = NA,
  inherit.aes = TRUE)
```

参数

mapping

表示图形属性的映射关系,通常用 aes 来进行设定。

data

用于该图层显示的数据,可以是 NULL、数据框以及函数的任意一种。如果是 NULL(默认情况下就是 NULL），数据将从 ggplot 的绘图数据中继承；如果是数据框或者其他对象，将会把默认情况下从 ggplot 绘图数据中继承来的数据替代；如果是一个函数，其返回值必须是一个数据框，用于图层数据的绘制。

stat

表示该图层采用的统计变换一个字符串。

position

表示图形位置的参数，一般也是一个字符串或者函数的返回值。

其他用于图形属性的参数，比如表示图形颜色的 color，图形尺寸的 size，散点图可用的图形属性有：

① x 表示横坐标

② y 表示纵坐标

③ alpha 表示透明度

④ colour 表示颜色

⑤ fill 表示填充

⑥ shape 表示点的形状

⑦ size 表示点的大小

⑧ stroke 表示边框宽度

na.rm

是否移除缺失值，默认情况下为 FALSE，当出现缺失值时会出现警告。如果该值为 TRUE，程序将自动移除缺失值。

show.legend

表示是否在图例中包含该图层的逻辑值。默认为 NA，表示包含任何已经映射的图形属性。FALSE 表示不包含该图层，TRUE 则表示不管是否有映射都将包含该图层。

inherit.aes

表示是否从 ggplot 中继承数据和图形属性，默认情况为 TRUE。

示例

我们看一下最简单的散点图是如何绘制的

```
ggplot(mtcars, aes(wt, mpg)) + geom_point()
```

输出

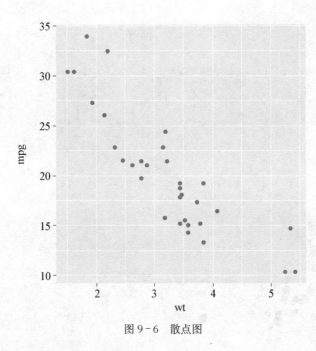

图 9-6 散点图

再来看看图形属性是如何通过 aes 来进行设定的，为了简化输入，我们将 ggplot() 初始化的图层赋值给变量 p，然后分别在 p 上叠加其他散点图层：

```
p <- ggplot(mtcars, aes(wt, mpg))
p + geom_point(aes(colour = factor(cyl)))
p + geom_point(aes(shape = factor(cyl)))
p + geom_point(aes(size = qsec))
p + geom_point(aes(shape = factor(cyl))) + scale_shape(solid = FALSE)
```

生成的四幅图如下，图 9-7 左上图设置了点的颜色，右上图设置了点的形状，左下图设置了点的大小，右下图由于已将分组变量映射给了 shape，因此调用了 scale_shape() 函数来修改点的形状，其中 solid = FALSE 表示不对散点进行填充。

这四幅图均涉及分组变量，分组变量必须是分类变量，也就是必须是因子型或字符串型的向量，如果分组变量以数值型变量进行存储，则必须用 factor() 函数将它转换为因子型变量后才能作为分组变量。

在上文中我们提到可以在散点图中添加基于统计模型的趋势线来更直观地显示数据趋势，或者称之为回归模型拟合线，这个功能可以通过函数 stat_smooth() 来实现。拟合模型可以通过

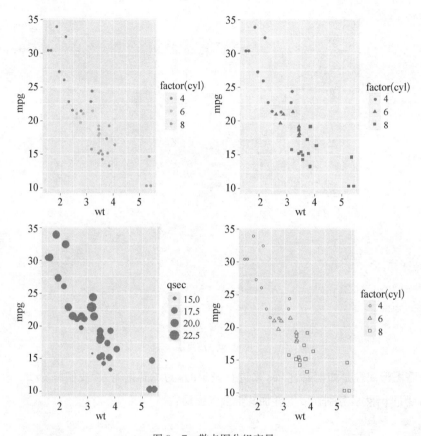

图 9-7　散点图分组变量

method 来进行设定，如 method = lm 即为线性拟合。默认情况下，stat_smooth( ) 会为回归拟合线添加 95% 的置信区间，置信区间大小可以通过参数 level 进行调整，如果设定参数 se = FALSE，程序将不添加置信区间。

拟合线同样具有图形属性，我们可以通过 colour 对其颜色进行更改，或者利用 size 对线的粗细进行调整，我们看一下下面的示例：

```
p <- ggplot(mtcars, aes(wt, mpg))
p + geom_point() + stat_smooth(method= lm)
p + geom_point() + stat_smooth(method= lm, level= 0.99)
p + geom_point() + stat_smooth(method= lm, se= FALSE)
p + geom_point(colour= "grey60") + stat_smooth(method= lm, se= FALSE,
  colour= "black")
```

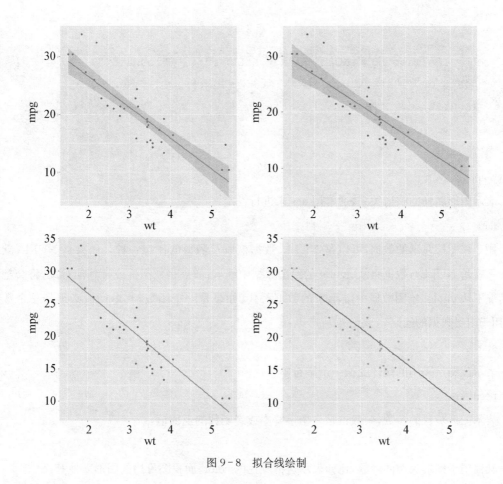

图 9-8 拟合线绘制

左上图为默认输出的线性拟合线,右上图为 99％置信区间的线性拟合线,左下图为没有设置置信区间的线性拟合线,右下图为数据点为灰色的黑色线性拟合线。

除了线性拟合外,也可以利用其他模型进行拟合,由于篇幅限制,本书不再作进一步讨论。

9.4 面积图

对于每一个连续的 X 值,折线图都显示一个间隔的 Y 值,面积图就是折线图的一种特例,它强调因变量随自变量而变化的程度。面积图又可以看成是一种连续的条形图,可用于引起人们对总值趋势的注意。

函数

```
geom_area(mapping = NULL, data = NULL, stat = "identity",
  position = "stack", na.rm = FALSE, show.legend = NA,
  inherit.aes = TRUE, ...)
```

参数

mapping

表示图形属性的映射关系,通常用 aes 来进行设定。

data

用于该图层显示的数据,可以是 NULL、数据框以及函数的任意一种。如果是 NULL(默认情况下就是 NULL),数据将从 ggplot 的绘图数据中继承;如果是数据框或者其他对象,将会把默认情况下从 ggplot 绘图数据中继承来的数据替代;如果是一个函数,其返回值必须是一个数据框,用于图层数据的绘制。

stat

表示该图层采用的统计变换一个字符串。

position

表示图形位置的参数,一般也是一个字符串或者函数的返回值。

…

其他用于图形属性的参数,比如表示边框颜色的 color,面积图可用的图形属性有:

- x 表示横坐标
- ymax Y 最大取值
- ymin Y 最小取值
- alpha 表示透明度
- colour 表示边框颜色
- fill 表示填充色
- linetype 表示线型

na.rm

是否移除缺失值,默认情况下为 FALSE,当出现缺失值时会出现警告。如果该值为 TRUE,程序将自动移除缺失值。

show.legend

表示是否在图例中包含该图层的逻辑值。默认为 NA，表示包含任何已经映射的图形属性。FALSE 表示不包含该图层，TRUE 则表示不管是否有映射都将包含该图层。

inherit.aes

表示是否从 ggplot 中继承数据和图形属性，默认情况为 TRUE。

示例

```
huron <- data.frame(year = 2001:2010, level = c(50,60,80,88,97,99,105,
  110,120,134))
h <- ggplot(huron, aes(year))
h + geom_area(aes(y = level))
```

输出

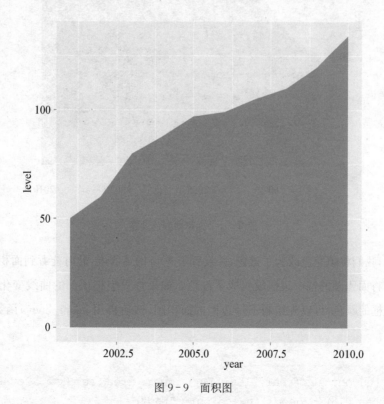

图 9-9 面积图

默认情况下,面积图的填充色是黑色的,可以通过 fill 来进行更改,而 colour 是用来更改其边框线颜色的,我们来尝试更改一下:

```
ggplot(huron, aes(year)) + geom_area(aes(y = level), fill= "blue", colour= "red")
```

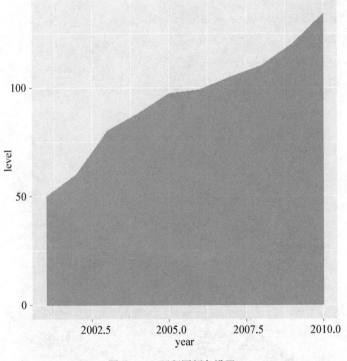

图 9-10 面积图颜色设置

通过代码,我们将填充色改为了蓝色,并设置了 50% 的透明度,此时能看到面积图的网格线,而 colour 参数将面积图的整个边框设置成了红色。如果你只想把顶部的曲线变化改成红色,而不改变其他边框的颜色,可以先绘制不带边框的面积图,然后再用 geom_line() 函数增加红色轨迹线。

```
ggplot(huron, aes(year, level)) + geom_area(aes(y = level), fill= "blue", alpha= 0.5) + geom_line(colour= "red")
```

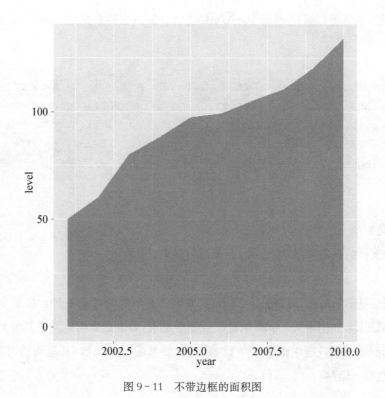

图 9-11 不带边框的面积图

9.5 箱形图

箱形图(Box-plot)又称为盒须图、盒式图或箱线图,是一种用作显示一组数据分散情况资料的统计图,每组数据图形由一个矩形及上下两条边缘线组成,因形状如箱子而得名。箱形图主要包含六个数据节点,将一组数据从大到小排列,分别计算出它的上边缘,上四分位数 Q_3,中位数,下四分位数 Q_1,下边缘,以及异常值。(但 ggplot2 中箱形图分位数的计算方法稍有不同,上下边缘都为四

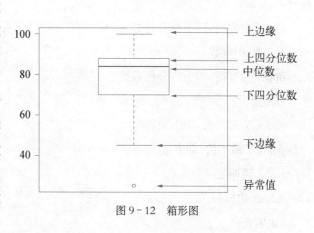

图 9-12 箱形图

分位数的 1.5 倍,读者可以通过 geom_boxplot()查看计算方法的差异。)

函数

```
geom_boxplot(mapping = NULL, data = NULL, stat = "boxplot",
 position = "dodge", ..., outlier.colour = NULL, outlier.color = NULL,
 outlier.shape = 19, outlier.size = 1.5, outlier.stroke = 0.5,
 notch = FALSE, notchwidth = 0.5, varwidth = FALSE, na.rm = FALSE,
 show.legend = NA, inherit.aes = TRUE)
```

参数

mapping

表示图形属性的映射关系,通常用 aes 来进行设定。

data

用于该图层显示的数据,可以是 NULL、数据框以及函数的任意一种。如果是 NULL(默认情况下就是 NULL),数据将从 ggplot 的绘图数据中继承;如果是数据框或者其他对象,将会把默认情况下从 ggplot 绘图数据中继承来的数据替代;如果是一个函数,其返回值必须是一个数据框,用于图层数据的绘制。

position

表示图形位置的参数,一般也是一个字符串或者函数的返回值。

...

其他用于图形属性的参数,比如表示边框颜色的 color,离散点尺寸的 size,箱形图可用的图形属性有:

lower 盒底线,即下四分位数线

middle 中位数

upper 盒顶线,即上四分位数线

x X 值

ymax Y 最大值,即上须线

ymin Y 最小值,即下须线

alpha 透明度

colour 边框颜色

fill 填充色

linetype 线型

shape 离散点点形

size 离散点大小

weight 加权

outlier.colour, outlier.color, outlier.shape, outlier.size, outlier.stroke

离散值的默认属性,包括大小、颜色、点形等,如未进行设置则从 box 的属性中进行继承。

notch

是否添加槽口,默认值为 FALSE,如果为 TRUE,会绘制一个盒子中间有凹槽的盒形图。槽口一般用于比较各组数据中位数的差异,如果各箱线图的槽口互不重合,说明中位数有差异。

notchwidth

表示槽口宽度,当绘制槽口时该属性有效,默认宽度是盒子宽度的一半(0.5)。

varwidth

表示是否按各组观测值数量的平方根设置盒子宽度,默认为 FALSE。

na.rm

是否移除缺失值,默认情况下为 FALSE,当出现缺失值时会出现警告。如果该值为 TRUE,程序将自动移除缺失值。

show.legend

表示是否在图例中包含该图层的逻辑值。默认为 NA,表示包含任何已经映射的图形属性。FALSE 表示不包含该图层,TRUE 则表示不管是否有映射都将包含该图层。

inherit.aes

表示是否从 ggplot 中继承数据和图形属性,默认情况为 TRUE。

geom, stat

用于覆盖 geom_boxplot 与 stat_boxplot 的默认连接。

coef

length of the whiskers as multiple of IQR. Defaults to 1.5

表示须线长度对于 IQR 的倍数,默认为 1.5。

示例:

```
p <- ggplot(mpg, aes(class, hwy))
p + geom_boxplot()
```

```
p + geom_boxplot() + coord_flip() # 坐标轴翻转

p + geom_boxplot(fill= "red", colour= "# 3366FF", alpha= 0.5)
p + geom_boxplot(outlier.colour = "red", outlier.shape = 1)
```

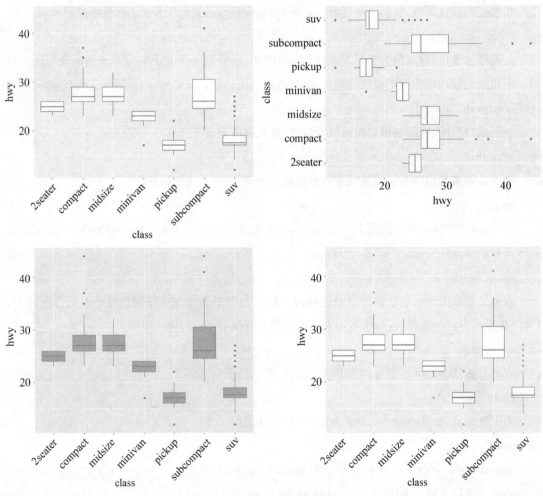

图 9-13 箱形图及其属性设置

左上图为 geom_boxplot()默认绘制的箱形图；右上图通过 coord_flip()函数将原图坐标系进行了翻转；左下图更改了默认的颜色，其中 fill 设置的是盒子的填充色，colour 设置的是边框的颜色，alpha 设置了填充色的透明度；右下图通过 outlier.colour 和 outlier.shape 两个属性进一步对离散点的颜色和样式进行了设置。我们可以看到,当没有设置离散点的颜色时,其颜色默认是从 colour 属性继承来的。

当将某一图形属性是因子时,ggplot2 能自动识别;我们也可以利用盒形图绘制 X 为连续变量的图形,只要提供一个分组变量即可,这个时候,cut_width()就显得非常有用了。我们看下面的两个例子。

```
p + geom_boxplot(aes(colour = drv))
ggplot(diamonds, aes(carat, price)) + geom_boxplot(aes(group = cut_width(carat, 0.25)))
```

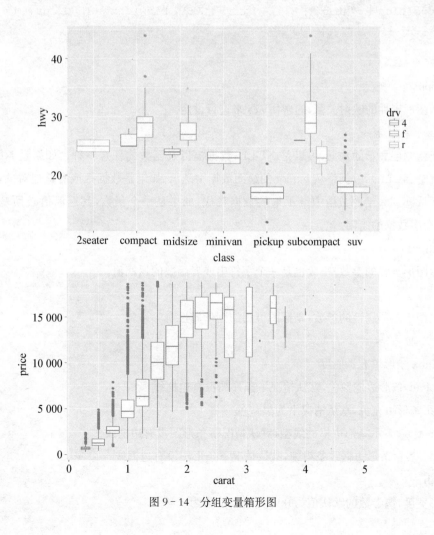

图 9-14 分组变量箱形图

9.6 条形图

条形图一般用于显示各个项目之间的比较情况,例如可以用来展示四个不同季度的销售情况,但是不适宜用来展示 X 为连续变量的情况。根据所展示的数据的含义不同,条形图可以分为两种类型,一种条形的高度表示数据的频数(stat = "count"),而另一种则表示数值大小(stat = "identity"),默认情况下是第一种类型。

函数

```
geom_bar(mapping = NULL, data = NULL, stat = "count",
    position = "stack", ..., width = NULL, binwidth = NULL, na.rm = FALSE,
    show.legend = NA, inherit.aes = TRUE)
```

参数

mapping

表示图形属性的映射关系,通常用 aes 来进行设定。

data

用于该图层显示的数据,可以是 NULL、数据框以及函数的任意一种。如果是 NULL(默认情况下就是 NULL),数据将从 ggplot 的绘图数据中继承;如果是数据框或者其他对象,将会把默认情况下从 ggplot 绘图数据中继承来的数据替代;如果是一个函数,其返回值必须是一个数据框,用于图层数据的绘制。

position

表示图形位置的参数,一般也是一个字符串或者函数的返回值。

...

其他用于图形属性的参数,条形图可用的图形属性有:

- x X 轴
- alpha 条形填充透明度
- colour 条形边框颜色,默认情况下条形图没有边框线
- fill 条形填充色,默认情况下为黑灰色
- linetype 表示条形边框的线型,默认情况下条形图没有边框线
- size 表示条形边框线条粗细,默认情况下条形图没有边框线

width

条形宽度,该参数的默认值为 0.9,其最大值可为 1。

na.rm

是否移除缺失值,默认情况下为 FALSE,当出现缺失值时会出现警告。如果该值为 TRUE,程序将自动移除缺失值。

show.legend

表示是否在图例中包含该图层的逻辑值。默认为 NA,表示包含任何已经映射的图形属性。FALSE 表示不包含该图层,TRUE 则表示不管是否有映射都将包含该图层。

nherit.aes

表示是否从 ggplot 中继承数据和图形属性,默认情况为 TRUE。

geom,stat

用于覆盖图形属性和统计变换的默认连接。

示例

我们先来分别看一下表示数据的频数(stat = "count")和表示数值大小(stat = "identity")的条形图的默认样式:

```
g <- ggplot(mpg, aes(class)) # 对于 mpg 中的数据样式,读者可以直接输入 mpg 查看
g + geom_bar()

df <- data.frame(trt = c("a", "b", "c"), outcome = c(2.3, 1.9, 3.2))
ggplot(df, aes(trt, outcome)) + geom_bar(stat = "identity") # 需手动对
stat 进行指定
```

输出

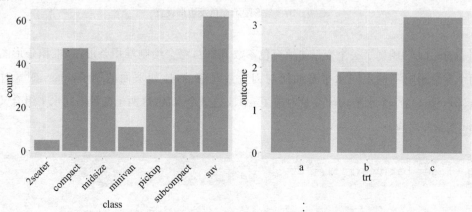

图 9-15 表示频数的条形图和表示数值大小的条形图

接下来我们具体来看一下各属性值是如何影响图形显示的：

```
g + geom_bar(linetype= "dashed", size= 1, color= "black", fill= "white")
```

得到图形如下，其中条形边框为虚线（dashed），是由 linetype 属性控制的，读者可以尝试将 linetype = "dashed" 修改成 linetype = "solid" 看看图形是如何变化的；size 控制了边框线的大小；为了更好地显示边框线，填充色 fill 设置成了白色（white），而边框色 color 设置成了黑色（black）。

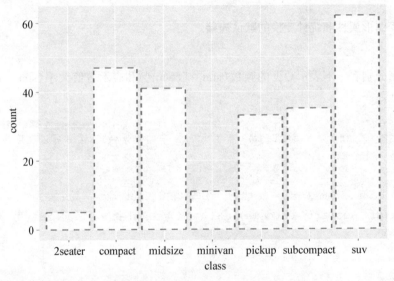

图 9-16　条形图填充色及边框设置

当 geom_bar()映射了一个变量给填充色参数 fill 时，将会绘制堆积条形图，堆积条形图可以显示两个变量影响下的不同水平是如何与因变量对应的，比如下面的例子，class 变量对应了 2seater、compact 等 7 个水平，drv 变量对应了 4、f、r 这 3 个水平，这两个变量不同水平组合又分别与 count 变量相对应。

```
g + geom_bar(aes(fill = drv))
```

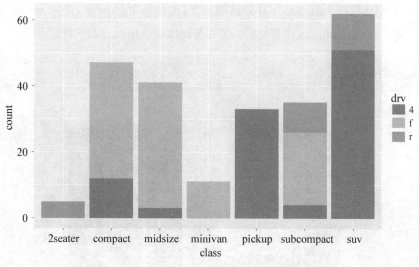

图 9-17 堆积条形图

除了堆积条形图,我们还可以用簇状条形图来显示两个变量的影响,可以通过 position 属性来进行设置,下图就是将 position 设置为 dodge 后,显示的簇状条形图,每一个变量 class 下,又有变量 drv 的 1—3 个水平。

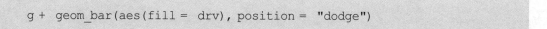

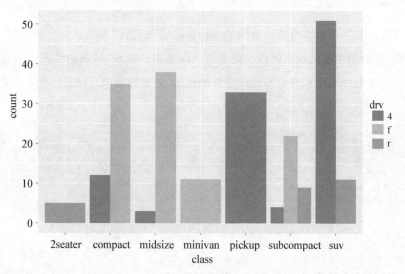

图 9-18 簇状条形图

如果想跨类别比较每个值占总体百分比的情况，比如每个 class 下，不同 drv 水平的占比情况，可以将 position 设置为 fill，这样就绘制出了百分比堆积条形图。如下例所示：

```
g + geom_bar(aes(fill = drv), position = "fill")
```

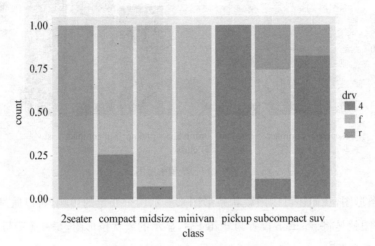

图 9-19　百分比堆积条形图

9.7　光滑密度曲线图

光滑密度曲线其实是频率分布直方图的一种极限情况，当样本容量充分放大时，图中的组距就会充分缩短，这时图中的阶梯折线就会演变成一条光滑的曲线，这条曲线就称为密度曲线。这条曲线排除了由于取样不同和测量不准所带来的误差，能够精确地反映总体的分布规律。

函数

```
geom_density(mapping = NULL, data = NULL, stat = "density",
    position = "identity", ..., na.rm = FALSE, show.legend = NA,
    inherit.aes = TRUE)
```

参数

mapping

表示图形属性的映射关系，通常用 aes 来进行设定。

dat

用于该图层显示的数据,可以是 NULL、数据框以及函数的任意一种。如果是 NULL(默认情况下就是 NULL),数据将从 ggplot 的绘图数据中继承;如果是数据框或者其他对象,将会把默认情况下从 ggplot 绘图数据中继承来的数据替代;如果是一个函数,其返回值必须是一个数据框,用于图层数据的绘制。

position

表示图形位置的参数,一般也是一个字符串或者函数的返回值。

…

其他用于图形属性的参数,密度曲线图可用的图形属性有:

① x X 轴

② y Y 轴

③ alpha 透明度

④ colour 线条边框颜色

⑤ fill 填充色

⑥ linetype 线型

⑦ size 线条粗细

⑧ weight 加权

na.rm

是否移除缺失值,默认情况下为 FALSE,当出现缺失值时会出现警告。如果该值为 TRUE,程序将自动移除缺失值。

show.legend

表示是否在图例中包含该图层的逻辑值。默认为 NA,表示包含任何已经映射的图形属性。FALSE 表示不包含该图层,TRUE 则表示不管是否有映射都将包含该图层。

inherit.aes

表示是否从 ggplot 中继承数据和图形属性,默认情况为 TRUE。

geom, stat

用于覆盖图形属性和统计变换的默认连接。

bw

使用的平滑曲线带宽,带宽越大,曲线越光滑。

adjust

对带宽的调节参数,默认值为1。

kernel

kernel 用于密度估计

trim

是否对密度曲线进行修剪,该参数只在同一绘图中出现多条密度曲线时有效,默认值为 FALSE,每一密度曲线在数据范围内进行计算。如果设定为 TRUE,每一密度曲线在超出该组数值的范围内进行计算,这意味着估算的 X 值将不能绘制平滑曲线,也就意味着无法得到堆栈密度值。

示例

```
ggplot(diamonds, aes(carat)) + geom_density()
```

图 9-20 输出了一条默认状态的密度曲线:

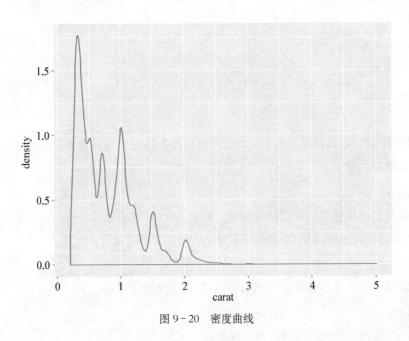

图 9-20　密度曲线

通过 adjust 参数可以调整曲线的光滑度,下面两个例子分别将 adjust 调整为 1/5 和 5,试比较一下和原图的区别:

```
> ggplot(diamonds, aes(carat)) + geom_density(adjust = 1/5)
> ggplot(diamonds, aes(carat)) + geom_density(adjust = 5)
```

可以看到，adjust 调整为 5 后，几乎看不出曲线的波动趋势，而只能显示曲线总体的一个趋势。

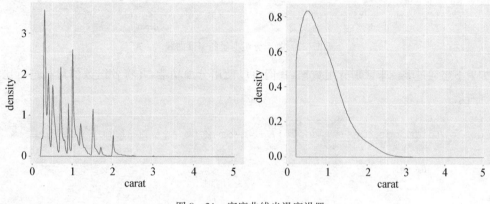

图 9-21 密度曲线光滑度设置

接下来我们看一下基于分组数据的密度曲线，我们可以将分组变量映射给 colour 或者 fill 等图形属性，其中的分组变量必须是因子型（如果是数值型向量，可先用 factor 函数进行转换）或者字符串向量。

如果设定填充色 fill，多组数据绘制在一张图上时，容易出现重叠，我们可以通过 alpha 参数改变填充色的透明度。

我们可以手动设置 X 轴的坐标范围，让图形集中在我们更想突出的部分，或者是显示更多的图形细节。

```
ggplot(diamonds, aes(depth, colour = cut)) + geom_density() +
  xlim(55, 70)
ggplot(diamonds, aes(depth, fill = cut, colour = cut)) + geom_density
  (alpha = 0.1) + xlim(55, 70)
```

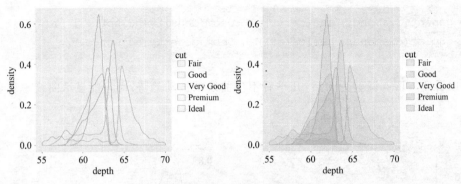

图 9-22 基于分组变量的密度曲线

如果不想通过颜色来区别分组数据，我们可以使用分面功能，并将各组数值对其进行比较，如下例所示：

```
ggplot(diamonds, aes(x= depth)) + geom_density() + facet_grid(cut ~ .)
```

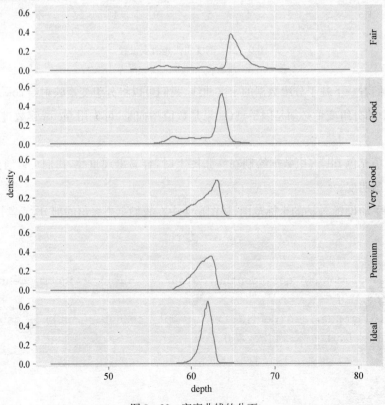

图 9-23 密度曲线的分面

9.8 线图

这里所指的线图和折线图不一样,线图一般不单独使用,而是与其他图形(如散点图)搭配使用。R 中有三种线图,由斜率和截距决定的线图 abline、水平线图 hline 和竖直线图 vline,线图不从默认绘图中继承任何属性,也不影响 X 轴或 Y 轴的标尺,他们有其特定的参数。

函数

```
geom_abline(mapping = NULL, data = NULL, ..., slope, intercept, na.rm =
    FALSE, show.legend = NA)
geom_hline(mapping = NULL, data = NULL, ..., yintercept, na.rm = FALSE,
    show.legend = NA)
geom_vline(mapping = NULL, data = NULL, ..., xintercept, na.rm = FALSE,
    show.legend = NA)
```

参数

mapping

表示图形属性的映射关系,通常用 aes 来进行设定。

data

用于该图层显示的数据,可以是 NULL、数据框以及函数的任意一种。如果是 NULL(默认情况下就是 NULL),数据将从 ggplot 的绘图数据中继承;如果是数据框或者其他对象,将会把默认情况下从 ggplot 绘图数据中继承来的数据替代;如果是一个函数,其返回值必须是一个数据框,用于图层数据的绘制。

...

其他图形属性

na.rm

是否移除缺失值,默认情况下为 FALSE,当出现缺失值时会出现警告。如果该值为 TRUE,程序将自动移除缺失值。

show.legend

表示是否在图例中包含该图层的逻辑值。默认为 NA,表示包含任何已经映射的图形属性。FALSE 表示不包含该图层,TRUE 则表示不管是否有映射都将包含该图层。

xintercept,yintercept,slope,intercept

控制线条位置的参数,这些参数的优先级最高,如果对这些参数进行了设置,将覆盖 data,

mapping 和 show.legend 的属性。xintercept 为 geom_vline()的参数,表示在 X 轴的截距(此时 Y 轴截距为 0,表示一条垂直于 X 轴的直线),yintercept 为 geom_hline()的参数,表示在 Y 轴的截距(此时 X 轴截距为 0,表示一条垂直于 Y 轴的直线),slope 和 intercept 为 geom_abline 的参数,分别表示在 Y 轴上的截距和斜率。

示例

```
p <- ggplot(mtcars, aes(wt, mpg)) + geom_point()
p + geom_vline(xintercept = 5)
p + geom_vline(xintercept = 1:5)
p + geom_hline(yintercept = 20)
p + geom_abline(intercept = 20)
```

输出

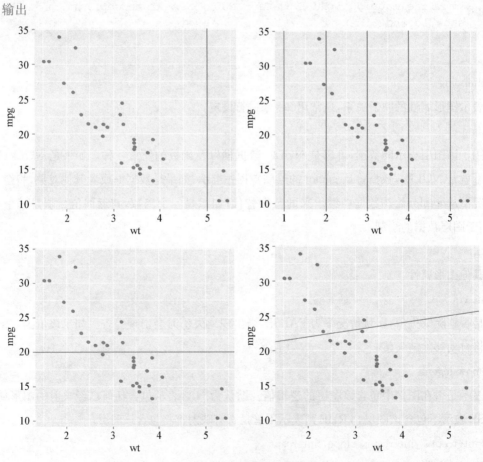

图 9-24　不同线图绘制

图 9-24 中,左上图 xintercept = 5 表示一条在 X 轴上截距为 5 且垂直于 X 轴的直线;右上图 xintercept = 1∶5 即 xintercept = c(1,2,3,4,5),表示分别在 X 轴上截距为 1,2,3,4,5 的五条垂直于 X 轴的直线;左下图表示一条在 Y 轴上截距为 20 且垂直于 Y 轴的直线;右下图表示一条与 Y 轴截距为 20 的直线(斜率默认为 1)。

上面添加的线图可能没有统计意义,我们可以先通过模型求出回归方程,再用回归方程中的斜率和截距来进行绘图;或者使用 geom_smooth()函数达到同样的目的,比较下面的两种方法及所绘制的直线。

```
coef(lm(mpg ~ wt, data = mtcars)) # coef()的功能为返回选定模型的系数,可使用? coef()查看详细介绍
(Intercept)           wt
  37.285126      - 5.344472
p + geom_abline(intercept = 37, slope = - 5)
p + geom_smooth(method = "lm", se = FALSE)
```

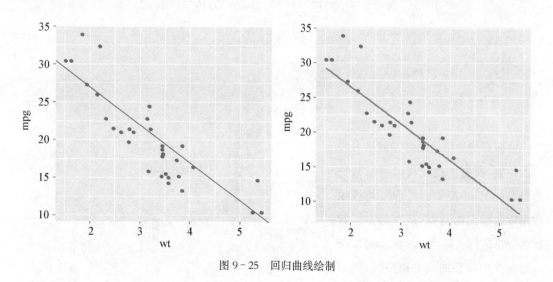

图 9-25 回归曲线绘制

如果需要在不同分面中绘制线图,则需通过 aes 参数来设置图形属性及数据集。

```
p < - ggplot(mtcars, aes(mpg, wt)) + geom_point() + facet_wrap(~ cyl)
mean_wt < - data.frame(cyl = c(4, 6, 8), wt = c(2.28, 3.11, 4.00))
p + geom_hline(aes(yintercept = wt), mean_wt)
```

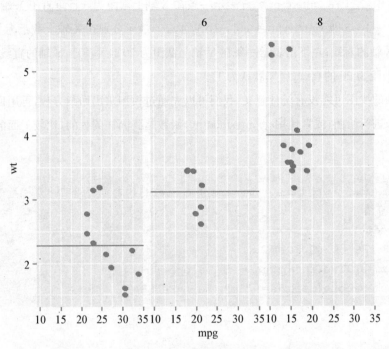

图 9-26　不同分面中的线图

9.9　小提琴图

前面介绍的箱线图可以展示分位数的位置,而密度曲线可以展示数据的分布情况,小提琴图综合了箱线图和密度曲线图的特点,适合对多组数据的分布进行比较。传统的小提琴图一般会在中间添加一个箱线图,同时用一个白圈表示中位数并通过设置 outlier.colour = NA 来隐藏箱线图中的异常点,如图 9-27 所示,这使得所得的图形看起来就像是一把小提琴,因而得名。

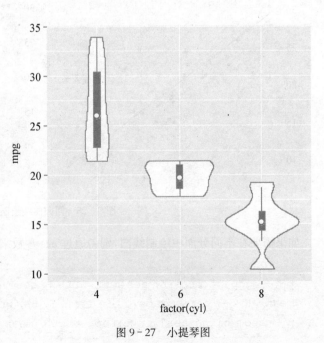

图 9-27　小提琴图

函数

```
geom_violin(mapping = NULL, data = NULL, stat = "ydensity",
  position = "dodge", ..., draw_quantiles = NULL, trim = TRUE,
  scale = "area", na.rm = FALSE, show.legend = NA, inherit.aes = TRUE)
```

参数

mapping

表示图形属性的映射关系，通常用 aes 来进行设定。

data

用于该图层显示的数据，可以是 NULL、数据框以及函数的任意一种。如果是 NULL（默认情况下就是 NULL），数据将从 ggplot 的绘图数据中继承；如果是数据框或者其他对象，将会把默认情况下从 ggplot 绘图数据中继承来的数据替代；如果是一个函数，其返回值必须是一个数据框，用于图层数据的绘制。

position

表示图形位置的参数，一般也是一个字符串或者函数的返回值。

...

其他作为图形属性的参数有：

① x X 轴

② y Y 轴

③ alpha 填充色透明度

④ colour 边框颜色

⑤ fill 填充色

⑥ linetype 边框线型

⑦ size 边框粗细

⑧ weight 加权

draw_quantiles

绘制四分位线，如果没有（空值）（默认值），则根据估计的密度来绘制四分位线。

trim

如果为真（默认），将对小提琴的尾部进行修剪。

scale

该参数有三个取值,默认为 area,这时所有的小提琴(进行尾部修剪前)具有相同的面积;如果设定为 count,小提琴的面积则与观察值的数量保证一致;如果设定为 width,所有的小提琴则具有相同的最大宽度。

na.rm

是否移除缺失值,默认情况下为 FALSE,当出现缺失值时会出现警告。如果该值为 TRUE,程序将自动移除缺失值。

show.legend

表示是否在图例中包含该图层的逻辑值。默认为 NA,表示包含任何已经映射的图形属性。FALSE 表示不包含该图层,TRUE 则表示不管是否有映射都将包含该图层。

inherit.aes

表示是否从 ggplot 中继承数据和图形属性,默认情况为 TRUE。

geom,stat

用于覆盖图形属性和统计变换的默认连接。

bw

使用的平滑曲线带宽,带宽越大,曲线越光滑。

adjust

对带宽的调节参数,默认值为 1。

kernel

kernel 用于密度估计。

示例

```
p < - ggplot(mtcars, aes(factor(cyl), mpg))
p + geom_violin()
```

输出

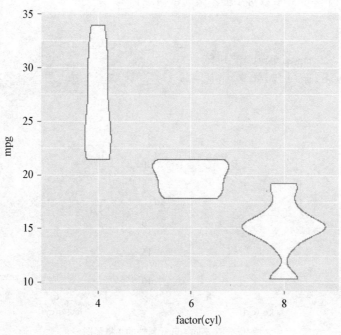

图 9-28 小提琴图绘制

上图为所有参数都是默认值所绘制的小提琴图,我们试试更改 scale 属性,下面的两幅图中,左图 scale 属性设置为 count,可以看出中间的小提琴面积明显小于其他两个小提琴的面积,表明该组的观测值数目最少;右图 scale 属性设置为 width,可以看出各个小提琴最大宽度所处的位置不同,比如最右侧的小提琴(cyl=8)最大宽度在 15 左右,表明该组多数观测值的值在 15 左右。

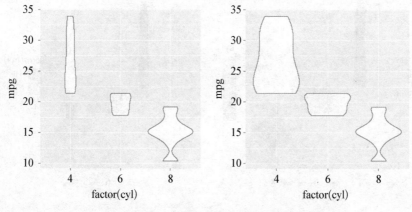

图 9-29 不同 scale 属性的小提琴图

我们再来看一下 adjust 参数对小提琴图的影响：

示例

```
p + geom_violin(adjust = 1.5)
p + geom_violin(adjust = .5)
```

输出

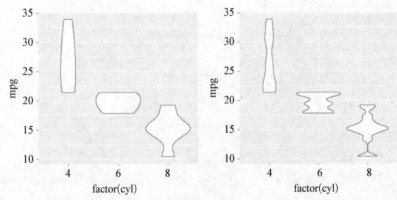

图 9-30　不同 adjust 属性的小提琴图

我们尝试将不同的变量映射给图形属性，首先将数值型变量 cyl 映射给填充色，然后将 cyl 转为因子后再映射给填充色。

```
p + geom_violin(aes(fill = cyl))
p + geom_violin(aes(fill = factor(cyl)))
```

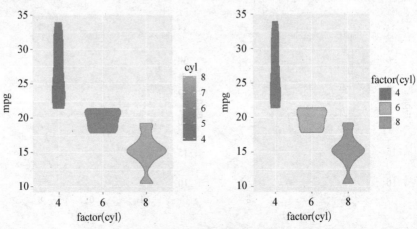

图 9-31　不同填充色的小提琴图

如果需要显示四分位线,可以通过设定 draw_quantiles:

```
p + geom_violin(draw_quantiles = c(0.25, 0.5, 0.75))
```

输出

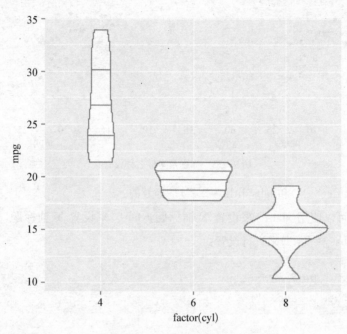

图 9-32 小提琴图的四分位线

9.10 调整图形外观

(1) 设置标题及坐标系名称

上节中绘制的图形都没有设置标题,这在进行展示的时候不利于读者的理解,因此我们需要给每一副图形加上标题,注明这幅标题的数据含义,在 ggplot2 中,可以使用 ggtitle()函数或者 labs()函数来进行标题设置。

示例

```
p <- ggplot(mtcars, aes(mpg, wt)) + geom_point()
p + labs(title = "New plot title")
p + ggtitle("New plot title2")
```

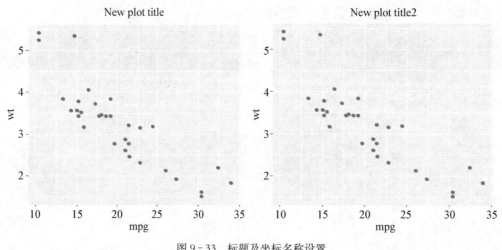

图9-33 标题及坐标名称设置

可以看到,ggtitle("…")和labs(title="…")是等效的。

同样的,我们可以使用 xlab()来设置 X 轴标题,ylab()来设置 Y 轴标题,也可以使用 labs(x="…")或者 labs(y="…")来进行设置:

```
p + labs(x = "New x label")
p + xlab("New x label2")
```

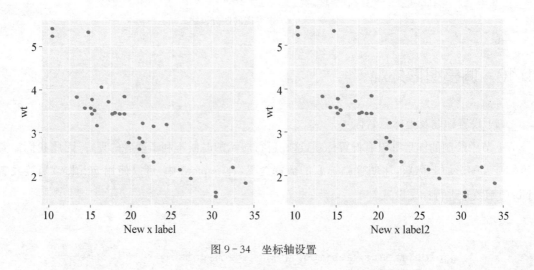

图9-34 坐标轴设置

(2) 设置文本外观

上文虽然设置了标题和坐标轴的文字,但是如果我们想更改默认的字体大小或者颜色,需要使用 theme()并通过 element_text 进行设定。其中 axis.title.x 控制 X 轴的外观，plot.title 控制标题文本的外观，我们来看下面的例子：

```
p < - ggplot(mtcars, aes(mpg, wt)) + geom_point()
p + ggtitle("New plot title2") + theme(plot.title= element_text(size=
    rel(1.5), colour= "red")) + theme(axis.title.x= element_text(size=
    16, face= "bold.italic", colour= "blue"))
```

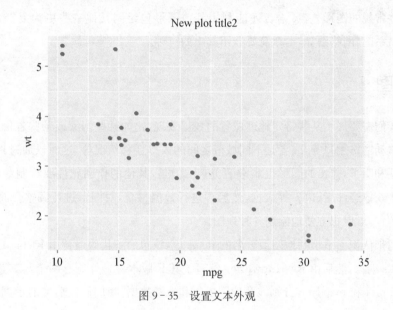

图 9-35　设置文本外观

theme()中控制文本外观的主要元素见下表：

表 9-2　theme()中控制文本外观的主要元素列表

元 素 名 称	说　　明	元 素 名 称	说　　明
axis.title	坐标轴标签外观	legend.title	图例标题外观
axis.title.x	X 轴标签外观	legend.text	图例文本外观
axis.title.y	Y 轴标签外观	plot.title	图形总标题外观
axis.ticks	坐标轴刻度标签外观	strip.text	双向分面标签外观
axis.ticks.x	X 轴刻度标签外观	strip.text.x	横向分面标签外观
axis.ticks.y	Y 轴刻度标签外观	strip.text.y	纵向分面标签外观

第 10 章 其他图形库

除了一些常规的图形外，R 语言还能利用其他图形包绘制其他一些更为复杂的图形，如地图、热力图、谱系图、网络图等，本章简要介绍其中的三种。

10.1 地图

有时候我们需要展示某些特定地理位置的数据表现，比如某些国家或某些省份的人口数量，各大城市的移动网络用户等，或者是不同城市之间的人口迁移情况等，这时候通过地图来进行显示非常的直观和明了，作出的图形也非常的美观。但是，其他的作图软件要绘制地图较为麻烦，需要先想办法获取经纬度、边界等数据，然后再进行数据整合，对图形进行调整。而 R 提供了众多绘制地图的包，可以很方便地绘制各种地图。

首先我们来认识一下绘制地图最著名的 maps 包，该包的 S 代码最初由 Richard A. Becker 和 Allan R. Wilks 编写，然后由 Ray Brownrigg 编写了其 R 版本。另外还有两个与其紧密相关的两个程序包 mapproj 和 mapdata，分别涉及地图投影和地图数据，我们假设后文的示例中，这些相关的软件包都已安装并加载。

函数

```
map(database = "world", regions = ".", exact = FALSE, boundary = TRUE,
  interior = TRUE, projection = "", parameters = NULL, orientation = NULL,
  fill = FALSE, col = 1, plot = TRUE, add = FALSE, namesonly = FALSE,
  xlim = NULL, ylim = NULL, wrap = FALSE, resolution = if (plot) 1 else 0,
  type = "l", bg = par("bg"), mar = c(4.1, 4.1, par("mar")[3], 0.1),
  myborder = 0.01, namefield= "name", ...)
```

参数

database

表示绘图数据的字符串变量，包括世界地图（world）、三个美国地图（usa，state，county）以及法国、意大利及其他一些地图数据(键入 help(package = 'maps')查看地图数据列表)。

regions

定义所绘地图多边形的字符串向量。每一个 database 都有一系列多边形,每一个多边形都有其特定的名称。当一个区域地图是由多个多边形组成的时候,就可以用这样的一个名称表示其中的一个多边形,如密歇根州的地图可以分为多个多边形,其北部区域可以表示为 michigan:north,南部区域表示为 michigan:south。regions 也可以用正则表达式来定义,比如"Norway(?!:Svalbard)"表示挪威除 Svalbard 之外的其他区域。该参数的默认值为 database 中变量所含的所有多边形。

exact

表示是否精确匹配。如果该参数为 TRUE,只有精确匹配 regions 中字符串向量的多边形才会被绘制。如果该参数为 FALSE,regions 中匹配正则表达式的多边形都会被绘制。

boundary

是否绘制边界线。如果该参数为 FALSE,将不会绘制地图的边界线。如果参数 fill 为 TRUE,该参数将被忽略。

interior

是否绘制内部边界线。如果参数 fill 为 TRUE,该参数将被忽略。

projection

表示所用地图投影的字符串。更多细节见 mapproject(在 mapproj 包中)。默认使用所选的纵横比进行矩形投影。

parameters

表示 projection 所需参数的数值型向量。该参数是可选的,只在特定的地图投影中起作用,如果某个地图投影需要一个额外的参数,就必须在 parameters 中进行指定。

orientation

一个用于描述地图中心所处位置及对于该中心的顺时针旋转率的向量,用 c(纬度,经度,角度)进行表示。

fill

表示是否绘制边线或填充区域的逻辑变量。如果该参数为 FALSE,将绘制每个区域的边线(区域内部线条仅绘制一次)。如果该参数为 TRUE,每个区域将根据 col 参数所指定的颜色来进行填充,边线将不再绘制。

col

表示颜色的向量。如果参数 fill 为 FALSE,第一个颜色值将用于绘制地图中所有的线,其他颜色值将被忽略。否则，颜色值将与参数 region 中的多边形一一对应（或者循环使用）。如果某一个颜色值为空值 NA，对应的多边形将不会被绘制。如果指定了 xlim 和 ylim 参数，多边形颜色将在不符合限制的多边形删除后进行分配。

plot

指定是否立即进行绘图操作的逻辑变量。如果 plot 参数为 TRUE，地图的返回值将不会被自动打印。

add

指定是否增加当前绘图的逻辑变量。如果 add 参数为 FALSE，将开始一个新的绘图，一个新的坐标系将被建立。

namesonly

如果该参数为 TRUE，返回值将为表示所选多边形名称的字符串向量。

xlim

表示经度范围的二元数值向量，数值单位为度，将所绘地图限制在该区域内。经度用格林尼治东部来进行度量，因此美国的经度用负值表示。如果参数 fill 为 TRUE，所选多边形必须在 xlim 的范围内。该参数的默认跨度为该数据库的整个经度范围。

ylim

表示维度范围的二元数值向量，数值单位为度，将所绘地图限制在该区域内。维度用赤道北部来进行度量，因此美国的纬度用正值表示。如果参数 fill 为 TRUE，所选多边形必须在 ylim 的范围内。该参数的默认跨度为该数据库的整个维度范围。

wrap

如果该参数为 TRUE，横跨地图的线如果相隔太远将被忽略。

resolution

用于指定所绘地图的分辨率的数值。分辨率为 0 表示数据库以全分辨率表示。

type

用于控制地图类型的字符串。除了默认类型 I 外，类型 n 可用于在后续调用中建立地图坐标系及投影。

bg

表示背景色。

namefield

该参数在数据库是一个空间多边形数据框时生效，用来作为区域名称的一个向量。

…

传递给多边形或线条的其他参数。

示例

```
map("world", fill= TRUE, col= rainbow(200), ylim= c(- 60, 90), mar= c(0,
   0, 0, 0))
title("世界地图")
```

输出

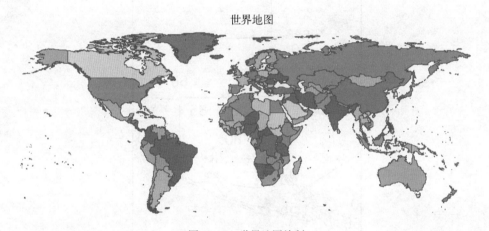

图 10-1　世界地图绘制

我们接下来利用 maps 包中的一个默认数据集 ozone 中的数据来进行绘制,查看该数据集数据,可直接键入 ozone 并回车,数据集中的数据如下:

	x	y	median
1	-74.026 2	40.221 7	59
2	-74.599 2	40.559 7	58
3	-74.713 8	40.783 2	90
4	-74.140 8	40.662 8	80
5	-74.255 4	40.651 4	50
……			
40	-73.911 6	42.800 0	56
41	-73.625 1	43.321 4	64

示例

```
data(ozone)
map("state", xlim = range(ozone$ x), ylim = range(ozone$ y))
text(ozone$ x, ozone$ y, ozone$ median)
box()
```

输出

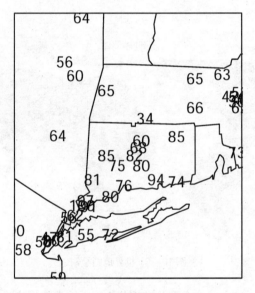

图 10-2 利用数据集绘制地图

我们尝试更为复杂的地图的绘制，代码如下：

```
if(require(mapproj)) {# mapproj 用于调用 projection= "polyconic"
+    data(unemp) # 引入数据集 unemp
+    data(county.fips) # 引入数据集 county.fips
+    colors = c("# F1EEF6", "# D4B9DA", "# C994C7", "# DF65B0", "# DD1C77",
"# 980043") # 定义颜色
+    unemp$ colorBuckets < - as.numeric(cut(unemp$ unemp, c(0, 2, 4, 6, 8,
10, 100)))
+    leg.txt < - c("< 2% ", "2-4% ", "4-6% ", "6-8% ", "8-10% ", "10% ")
+    cnty.fips < - county.fips$ fips[match(map("county", plot= FALSE)$ names,
```

```
+       county.fips$ polyname)]
+     colorsmatched < - unemp$ colorBuckets [match(cnty.fips, unemp$ fips)]
+     map("county", col = colors[colorsmatched], fill = TRUE, resolution = 0, lty = 0, projection = "polyconic")
+     map("state", col = "white", fill = FALSE, add = TRUE, lty = 1, lwd = 0.2, projection= "polyconic")
+     title("unemployment by county, 2009")
+     legend("topright", leg.txt, horiz = TRUE, fill = colors)
+ }
```

输出

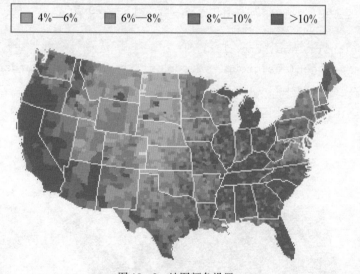

图 10-3 地图颜色设置

另外，我们可以从 maps 包里获取地图数据，然后用 ggplot2 中的 geom_polygon()来进行绘制。经度和维度默认是画在直角坐标系中，但是也可以用 coord_map()来指定一个投影。

ggplot2 中的 map_data 函数可以返回一个包含如下数据的数据库：

long：纬度；

lat：经度；

group：多边形的分组变量；

order：每个分组中的点的连接顺序；

region：表示区域的字符串变量；

subregion：亚区，当 region 中还有更小的区域时会包含该数据。

```
if (require("maps")) {
+ states < - map_data("state")
+ arrests < - USArrests
+ names(arrests) < - tolower(names(arrests))
+ arrests$ region < - tolower(rownames(USArrests))
+
+ choro < - merge(states, arrests, sort = FALSE, by = "region")
+ choro < - choro[order(choro$ order), ]
+ ggplot(choro, aes(long, lat)) +
+   geom_polygon(aes(group = group, fill = assault)) +
+   coord_map("albers",  at0 = 45.5, lat1 = 29.5)
+
+ ggplot(choro, aes(long, lat)) +
+   geom_polygon(aes(group = group, fill = assault / murder)) +
+   coord_map("albers",  at0 = 45.5, lat1 = 29.5)
+ }
```

输出

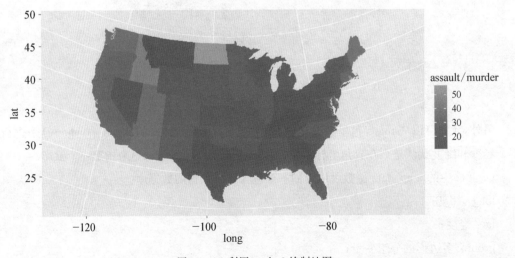

图 10 - 4　利用 ggplot2 绘制地图

10.2 网络图

所谓社会网络，是指社会个体成员之间因为在网络上互动而形成的相对稳定的关系体系，对社会网络进行分析可以揭示社会群体中人际吸引或排斥关系，为研究人际选择、信息交流、团体形成等社会现象提供帮助。igraph 是为了进行社会网络分析而创建的一个 R 包，可以处理有向网络和无向网络，igraph 提供了很多函数，本节仅介绍其最基本的绘图功能。

函数

```
make_graph(edges, ..., n = max(edges), isolates = NULL, directed = TRUE,
    dir = directed, simplify = TRUE)

make_directed_graph(edges, n = max(edges))

make_undirected_graph(edges, n = max(edges))

directed_graph(...)

undirected_graph(...)
```

参数

edges

A vector defining the edges, the first edge points from the first element to the second, the second edge from the third to the fourth, etc. For a numeric vector, these are interpreted as internal vertex ids. For character vectors, they are interpreted as vertex names. 用于定义网络图边的向量，第一条边的端点是由第一个要素到第二个要素，第二条边是由第三个到第四个，以此类推。对于数值型向量，它们是内部顶点 id；对于字符串向量，它们被解释为顶点的名称。

n

图中顶点数量。如果边用象征性顶点名字来定义，该参数将被忽略。如果边线中有一个大的顶点 ID，该参数也会被忽略。

isolates

表示孤立点的名字的字符串向量。

directed

是否创建有向网络。

dir

参数意义同 directed,不要同时指定这两个参数。

simplify

是否简化图形。

示例

```
g1 <- make_graph(c(1, 2, 2, 3, 3, 4, 5, 6), directed = FALSE)
g2 <- make_graph(c("A", "B", "B", "C", "C", "D"), directed = FALSE)
 g1
IGRAPH U--- 6 4 --
+ edges:
[1] 1--2 2--3 3--4 5--6
 g2
IGRAPH UN-- 4 3 --
+ attr: name (v/c)
+ edges (vertex names):
[1] A--B B--C C--D
```

键入 g1 和 g2 后,并没有图像输出,而是输出了定义的 igraph 图像的属性,其中 g1 中的 6 和 4 分别代表了所得网络图有 6 个点和 4 条边,g2 中的 4 和 3 也代表了其有 4 个点和 3 条边,然后在 edges 后用顶点表示了所得的 4 条边的指向。我们可以用 plot 函数将网络图画出。

```
plot(g1)
plot(g2)
```

输出

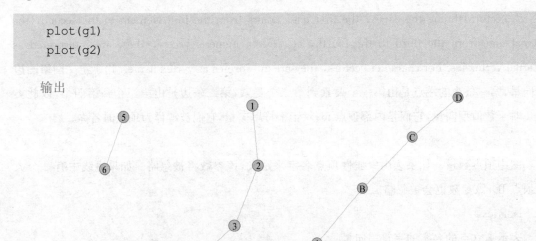

图 10-5 网络图输出结果

读者可能会发现所得的图形和上述网络图并不完全一致,这是因为节点的位置并不是由所给的数据来确定的,而是随机分布的,如果想实现图形的可重复,可以通过设置种子 set.seed。

当然,我们遇到的更多情况时已有数据,需要从数据框中生成网络图,这是需要用到的一个函数是 graph_from_data_frame()。

函数

```
graph_from_data_frame(d, directed = TRUE, vertices = NULL)
```

参数

d

表示包含至少两列数据的数据框,如果数据多余两列,前两列用于绘制网络图的边,其他列作为边的属性,一行数据表示一条边。

directed

逻辑标量,是否创建有向网络图。

vertices

带有顶点元数据的数据框,如果没有则为 NULL。

graph_from_data_frame 函数从 1—2 个数据框中提取数据创建 igraph 图形,它有两种操作模式,采用哪种模式取决于 vertices 参数是否为空。

如果 vertices 为空(NULL),d 中的前两列数据用于绘制网络图的边,其他列作为边的属性,列的名称将作为属性的名称。如果 vertices 不为空,则必须给定一个表示顶点元数据的数据框,vertices 中的首列包含顶点名称,将在绘图时作为名称(name)属性增加到图上。其他列将作为顶点的其他属性值。

下面的示例中,我们先来建立一个简单的数据框,然后从中读取数据来进行绘图:

```
actors <- data.frame(name= c("Alice", "Bob", "Cecil", "David",
"Esmeralda"), age= c(48,33,45,34,21), gender= c("F","M","F","M","F"))
relations <- data.frame(from= c("Bob", "Cecil", "Cecil", "David",
"David", "Esmeralda"), to= c("Alice", "Bob", "Alice", "Alice", "Bob",
  "Alice"),
same.dept= c(FALSE,FALSE,TRUE,FALSE,FALSE,TRUE),
friendship= c(4,5,5,2,1,1), advice= c(4,5,5,4,2,3))
```

分别键入 actors 和 relations,查看建立的数据框:

```
> actors
       name age gender
1     Alice  48      F
2       Bob  33      M
3     Cecil  45      F
4     David  34      M
5 Esmeralda  21      F

> relations
       from    to same.dept friendship advice
1       Bob Alice     FALSE          4      4
2     Cecil   Bob     FALSE          5      5
3     Cecil Alice      TRUE          5      5
4     David Alice     FALSE          2      4
5     David   Bob     FALSE          1      2
6 Esmeralda Alice      TRUE          1      3
```

建立 igraph 图形,这里利用了两个数据框:

```
g <- graph_from_data_frame(relations, directed= TRUE, vertices= actors)
```

查看一下 g 的属性:

```
 g
IGRAPH DN-- 5 6 --
+ attr: name (v/c), age (v/n), gender (v/c), same.dept (e/l),
| friendship (e/n), advice (e/n)
+ edges (vertex names):
[1] Bob      -Alice Cecil   -Bob    Cecil    -Alice David   -Alice
[5] David    -Bob   Esmeralda-Alice
```

如果我们直接用 plot(g)进行绘制,将得到如下网络图(由于网络图中顶点位置随机生成,读者生成的图可能与下图稍微差异)。

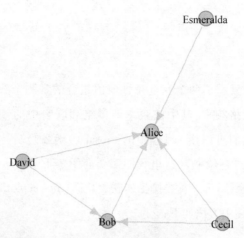

图 10-6 网络图输出结果

我们可以使用如下参数来进行美化：

```
plot(g, vertex.size= 4, vertex.label= V(g)$ name, vertex.label.cex= 0.8,
   vertex.label.dist= 0.4, vertex.label.color= "black")
```

其中 vertex.size 表示节点大小，vertex.label 为标签名称，此处以 g 中的 name 列数据作为标签名称，vertex.label.cex 为标签字体大小，vertex.label.dist 表示标签和节点的距离，vertex.label.color 表示标签字体颜色，输出图形如下：

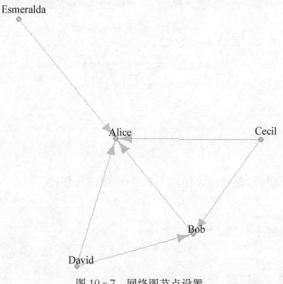

图 10-7 网络图节点设置

10.3 马赛克图

马赛克图常用于直观显示了两个变量每种取值组合的观测个数和比例。在马赛克图中，嵌套矩形面积正比于单元格频率，其中该频率即多维列联表中的频率。颜色和/或阴影可表示拟合模型的残差值。我们可以用 vcd 包中的 mosaic( )函数绘制马赛克图，也可以用 R 基本绘图包中的 mosaicplot 来进行绘制。这里我们简要介绍一下 mosaicplot 是如何进行绘制的。

马赛克图函数是泛型函数，可以直接接受列联表数据（mosaicplot.default）或者公式作为参数（mosaicplot.default），函数使用方法如下：

函数

```
mosaicplot(x, ...)

mosaicplot(x, main = deparse(substitute(x)),
           sub = NULL, xlab = NULL, ylab = NULL,
           sort = NULL, off = NULL, dir = NULL,
           color = NULL, shade = FALSE, margin = NULL,
           cex.axis = 0.66, las = par("las"), border = NULL,
           type = c("pearson", "deviance", "FT"), ...)

mosaicplot(formula, data = NULL, ...,
           main = deparse(substitute(data)), subset,
           na.action = stats::na.omit)
```

参数

x

一个数组形式的列联表，该表建议使用 table( )函数进行创建。

main

表示所绘马赛克图的主标题。

sub

表示所绘马赛克图的副标题（副标题位于图的底部）。

xlab，ylab

X 和 Y 轴的标签名称，默认使用第一个和第二个元素的名称（如 X 中的第一个和第二个变量的名称）。

sort

指定展示变量顺序的向量，包含一个整数序列，默认为 1 到 X 中的变量长度，即 1：length(dim(x))。

off

表示马赛克图中不同分支间距的向量，建议值为 0—20，默认值为 10，或者为二维表分隔数量的 20 倍。

dir

表示马赛克图中每一水平分割方向的向量。（v 表示纵向分割，h 表示横向分割）默认分割方式是从水平分割开始交替出现。

color

该参数仅在参数 shade 为 FALSE 或 NULL（默认）时有效，表示色差的逻辑值或向量。默认情况下，马赛克图是用灰色盒形表示，color 设置为 TRUE 时，将使用伽马校正灰色调色板，color 设置为 FALSE 时，将使用无阴影的空盒形图。

shade

表示是否生成扩展马赛克图的逻辑变量，或最多为 5 的不同正数组成的数值型向量，用于指定残值的分割点。默认情况下，shade 为 FALSE，所绘制的为简单马赛克图。shade 为 TRUE 时将在 2 和 4 进行分割。

margin

用于指定对数线性模型拟合的一列向量，默认拟合一个独立模型。更多细节见 loglin 函数。

cex.axis

轴的标注的放大率，用 par("cex") 的倍数表示。

las

numeric; the style of axis labels, see par.

数值型变量，轴标注的样式，详见函数 par。

border

表示不同单元盒边框的颜色。

type

表示给定残差的类型。共三种类型:"pearson","deviance",或"FT"(Freeman-Tukey)。

formula

用于绘制马赛克图的公式。

data

数据库或内联表。

...

其他参数

subset

一个可选的向量,用于指定数据框中的一个子集用于绘图。

na.action

用于指定当数据含有空值 NA 时如何操作。默认将删除所有空值。

示例

我们用泰坦尼克事件中不同等级船舱中男女的死亡人数来进行举例,该例子中的数据来源于 stats 包,我们可以将数据用如下表格表示。

表 10-1 数据表

性别	幸存	头等舱	次等舱	低等舱	船员
男	否	118	154	442	670
	是	62	25	88	192
女	否	4	13	106	3
	是	141	93	90	20

我们首先用默认方法来进行绘制:

```
require(stats)
mosaicplot(Titanic, main = "Survival on the Titanic", color = TRUE)
```

输出

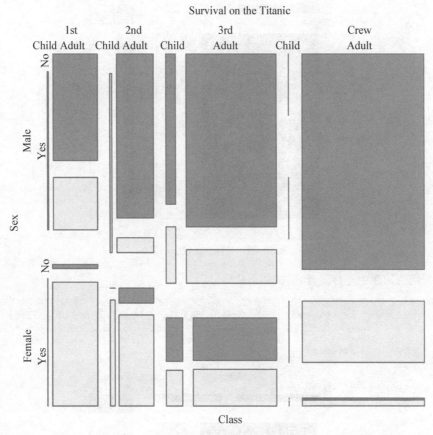

图 10-8 马赛克图输出结果

上图有四个变量共 32 个水平,表示了舱位(一二三等舱和船员舱)、性别(男女)、年龄(大人小孩)的生存情况(幸存或死亡),我们将这个 $4\times2\times2\times2$ 的列联表数据展示在了同一张图中,通过矩形块(马赛克)的大小,可以清楚看出各舱位、不同性别、年龄的人群的生还状况。我们可以用以下方法进行绘制,下面我们选择性别、年龄和存活率的关系来进行绘制:

```
mosaicplot(~ Sex + Age + Survived, data = Titanic, color = TRUE)
```

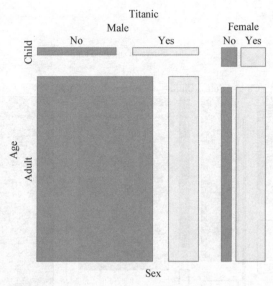

图 10-9 马赛克图输出结果

如果我们想用颜色进行区分，尝试如下代码

```
mosaicplot(~ Sex + Age + Survived, data = Titanic, color = 1:2)
```

输出

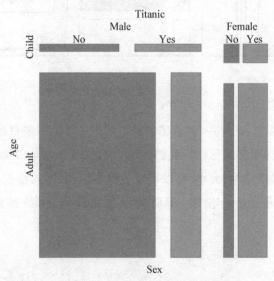

图 10-10 马赛克图颜色设置

读者可尝试使用 color＝1∶3、color＝2∶4 等数值，看看马赛克的颜色是如何被改变的。

第 11 章　颜色控制

在 R 语言中，我们可以使用调色板或者颜色库来进行颜色控制。

R 语言的调色板分为下面三种：

1. 定性调色板：所有相同的感知重量/重要性。典型应用：箱线图。
2. 连续调色板：顺序编码数值信息面板。典型应用范围：热量地图。
3. 不同面板调色板：像连续的调色板，但有中性的价值。

我们大多数人都很讨厌选择颜色，很容易花太多时间摆弄它们。辛西娅·布鲁尔，地理学家和色彩专家，创造了套颜色用来打印和网络使用并且可以在 RColorBrewer 附加插件包中使用。你需要安装下载这个软件包来使用。

```
# install.packages("RColorBrewer")
library(RColorBrewer)
```

11.1　调色板

函数

```
palette(value)
```

参数

Value　评估一个可选择的特征向量

示例

首先我们调用调色板函数获得当前调色板，然后调用 gray 函数来创建一个灰色调色板，在使用 matplot 函数绘制的时候使用这个灰度调色板，最后我们把调色板恢复成默认值。

```
palette()
(palette(gray(seq(0,.9,len = 25))))
matplot(outer(1:100, 1:30), type = "l", lty = 1,lwd = 2, col = 1:30,
        main = "Gray Scales Palette",
        sub = "palette(gray(seq(0, .9, len= 25)))")
palette("default")
```

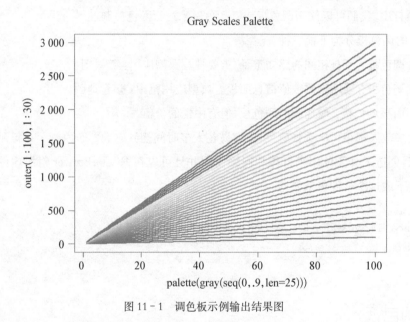

图 11 - 1 调色板示例输出结果图

11.2 颜色库

首先让我们看看颜色库 RColorBrew 所有相关的调色板。

```
display.brewer.all()
```

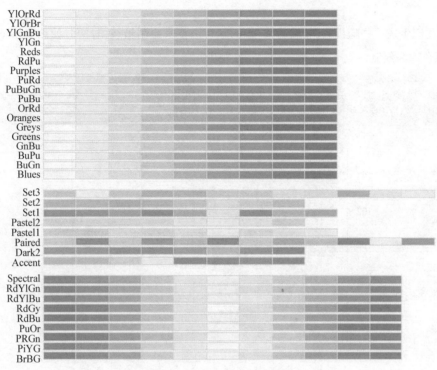

图 11-2　R Color Brew 调色板输出结果图

下面的例子可以查看一个单独的颜色库。

```
display.brewer.pal(n = 8, name = 'Dark2')
```

Dark2(qualitative)

图 11-3　R Color Brew 单色调色板输出结果图

示例

首先我们生成一些随机数据,然后调用 boxplot 函数来绘制箱线图,同时使用 brewer 库里面的 Set3 颜色库来绘制。

```
rand.data <- replicate(8,rnorm(100,100,sd=1.5))
boxplot(rand.data,col= brewer.pal(8,"Set3"))
```

输出

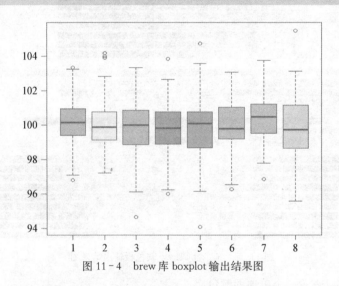

图 11-4　brew 库 boxplot 输出结果图

这个例子展示了如何使用 brewer 库和 pie 函数来绘制不同颜色扇区的饼图。

```
table.data <- table(round(rand.data))
cols <- colorRampPalette(brewer.pal(8,"Dark2"))(length(table.data))
pie(table.data,col= cols)
```

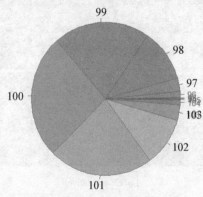

图 11-5　brew 库 pie 输出结果图

第三编 实战编

第 12 章 实 战

本章我们将通过三个具体的实战例子来综合展示如何使用 R 语言来进行数据的可视化。第一个例子主要使用了基本库函数,第二个例子主要使用了 ggplot2 函数,第三个例子主要使用了 lattice 函数。也就是本书主要讨论的三个图形库。

12.1 基本库实战

本节主要展示基本库里面的函数的综合使用。本小节使用的数据是 R 语言内置的一个数据集 faithful。我们首先使用 plot 函数来创建图,然后我们调用低级绘图函数来加一些点和线。

```
plot(faithful)
```

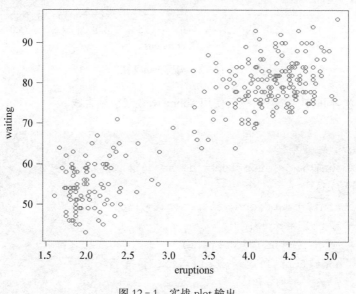

图 12-1 实战 plot 输出

使用 points 函数来添加点,颜色指定为红色。这里我们对横坐标小于 3 的数据来进行着色。使用 with 函数可以取出这些点。

```
short.eruptions <- with(faithful, faithful[eruptions < 3, ])

plot(faithful)
points(short.eruptions, col= "red", pch= 19)
```

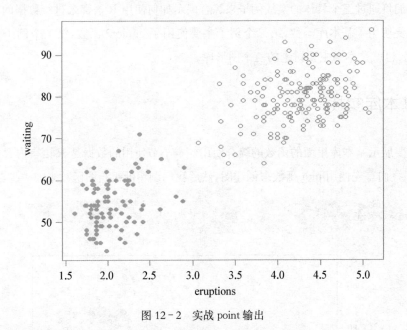

图 12-2 实战 point 输出

改变点的形状,同时改变颜色,然后使用 abline 函数来绘制直线。

```
head(colors(), 10)
fit <- lm(waiting~ eruptions, data= faithful)
plot(faithful)
lines(faithful$ eruptions, fitted(fit), col= "blue")
abline(v= 3, col= "purple")
abline(h= mean(faithful$ waiting))
abline(a= coef(fit)[1], b= coef(fit)[2])
abline(fit, col = "red")
```

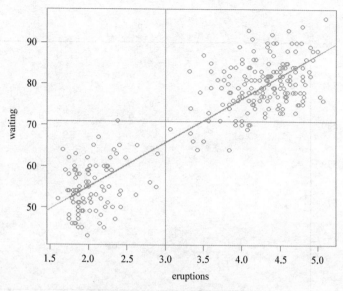

图 12-3　实战 abline 输出

通过改变 plot 函数的 type 参数来绘制不同类型的图。包含 i,p,b 类型。

```
plot(LakeHuron, type= "l", main= 'type= "l"')
plot(LakeHuron, type= "p", main= 'type= p"')
plot(LakeHuron, type= "b", main= 'type= b"')
```

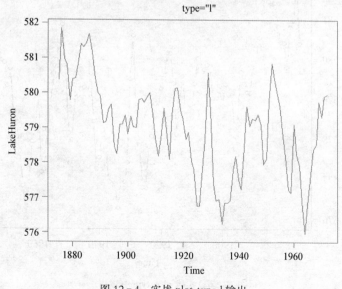

图 12-4　实战 plot-type-l 输出

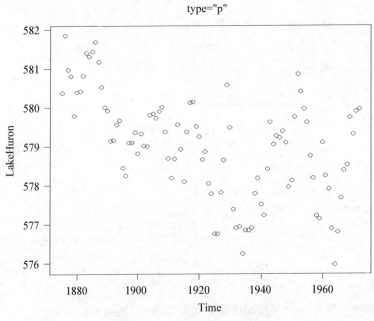

图 12-5 实战 plot-type-p 输出

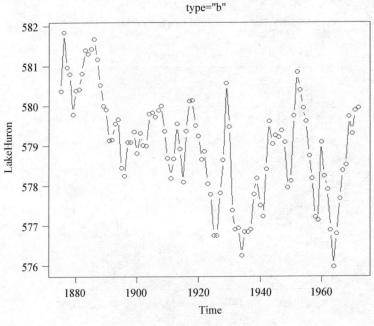

图 12-6 实战 plot-type-b 输出

调用 boxplot 和 hist 来绘制箱线图和直方图。为了更好的展示，这里我们临时使用 mtcars 数据集。这个也是 R 语言自带的。

```
x <- seq(0.5, 1.5, 0.25)
y <- rep(1, length(x))
plot(x, y, type= "n")
points(x, y)

with(mtcars, plot(mpg, disp))
with(mtcars, boxplot(disp, mpg))
with(mtcars, hist(mpg))
```

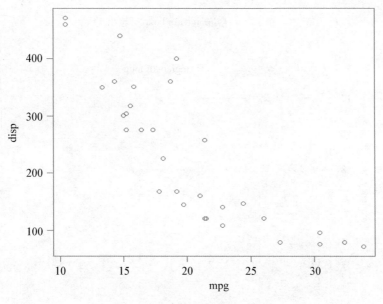

图 12-7 实战 mtcars-plot 输出

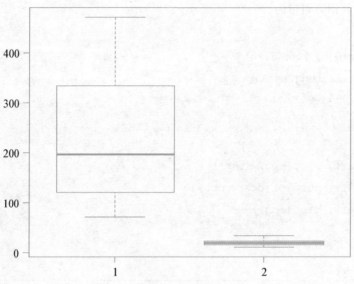

图 12-8　实战 mtcars-boxplot 输出

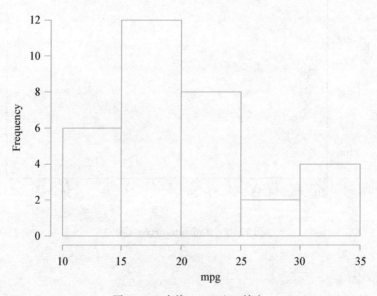

图 12-9　实战 mtcars-hist 输出

下面通过控制图形参数来绘制不同的坐标轴和标题。标题参数使用 main 来控制,坐标轴参数使用 xlab,ylab 来进行控制。

```
plot(faithful,
    main =  "Eruptions of Old Faithful",
    xlab = "Eruption time (min)",
    ylab = "Waiting time to next eruption (min)")
```

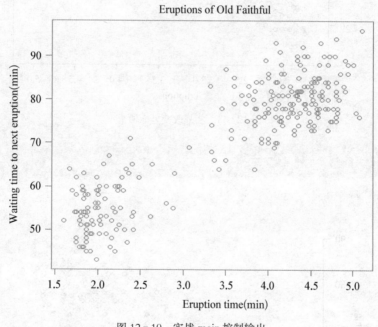

图 12-10　实战 main 控制输出

改变坐标轴的刻度。

```
plot(faithful, las= 1)
```

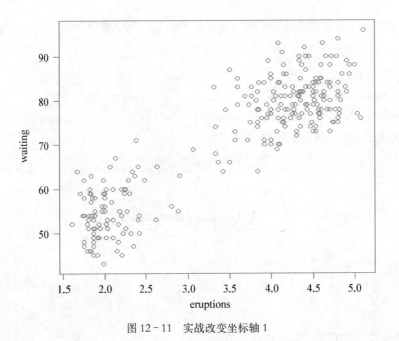

图 12-11 实战改变坐标轴 1

```
plot(faithful, bty= "n")
```

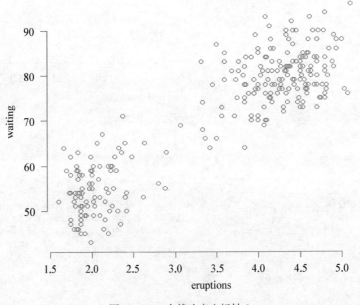

图 12-12 实战改变坐标轴 2

使用更多其他的参数来绘制。

```
plot(faithful, las= 1, bty= "l", col= "red", pch= 19)
```

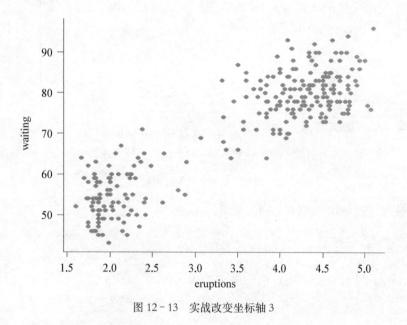

图 12 - 13　实战改变坐标轴 3

文本大小的控制。通过 text 来进行控制。

```
x <- seq(0.5, 1.5, 0.25)
y <- rep(1, length(x))
plot(x, y, main= "Effect of cex on text size")
text(x, y+ 0.1, labels= x, cex= x)
```

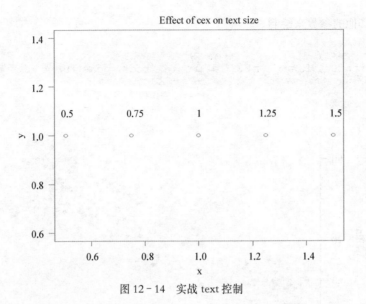

图 12-14　实战 text 控制

面板的使用,将多幅图控制在一幅图里面。

```
old.par <- par(mfrow= c(1, 2))
plot(faithful, main= "Faithful eruptions")
plot(large.islands, main= "Islands", ylab= "Area")
par(old.par)
```

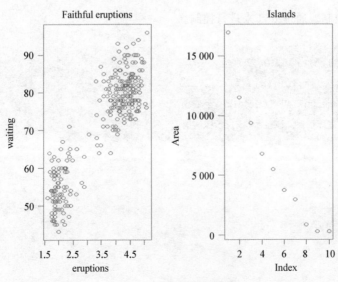

图 12-15　实战面板输出

12.2　ggplot2 实战

本节我们使用 ggolot2 来进行一个实战展示。我们使用同样的数据集 faithful，首先我们先来绘制基本图形。使用 Geoms 和 Stats，来定义数据如何使用，以及把数据映射到 plot 函数里面。

```
ggplot(faithful, aes(x= eruptions, y= waiting)) + geom_point() + stat_smooth()
```

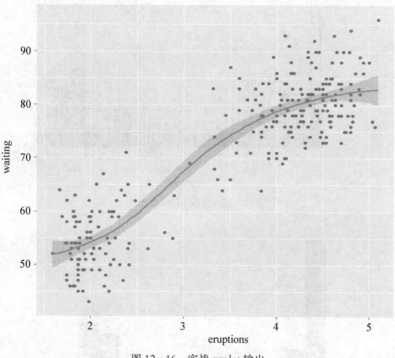

图 12 - 16　实战 ggplot 输出

使用 geoms 来绘制条形图，同时控制不同的宽度。

```
ggplot(quakes, aes(x= depth)) + geom_bar()
ggplot(quakes, aes(x= depth)) + geom_bar(binwidth= 50)

quakes.agg < - aggregate(mag ~ round(depth, - 1), data= quakes, FUN= length)
names(quakes.agg) < - c("depth", "mag")
```

```
ggplot(quakes.agg, aes(x= depth, y= mag)) +
  geom_bar(stat= "identity")
```

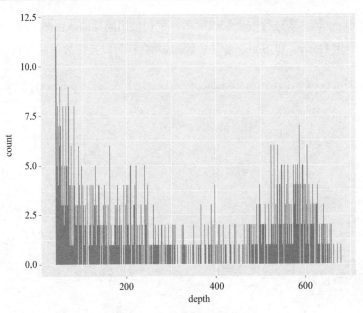

图 12-17　实战 geom 输出 1

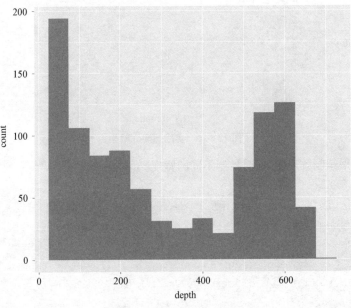

图 12-18　实战 geom 输出 2

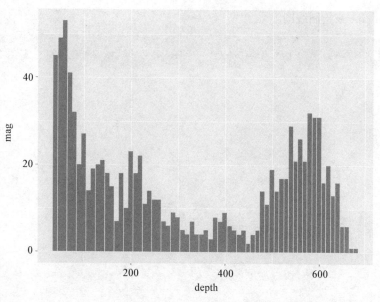

图 12-19 实战 geom 输出 3

使用 geom_point 来绘制散点图。

```
ggplot(quakes, aes(x= long, y= lat)) + geom_point()
```

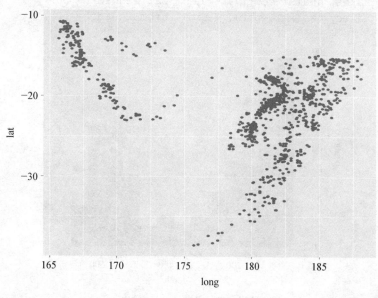

图 12-20 实战 quakes 输出

使用 geom_line 来绘制线图。

```
ggplot(longley, aes(x= Year, y= Unemployed)) + geom_line()
```

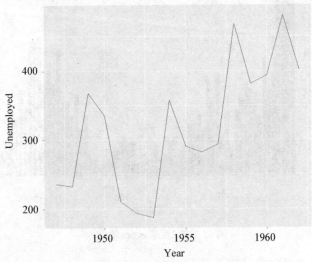

图 12-21　实战 geom_line 输出

使用 stat_bin 来处理数据。

```
ggplot(quakes, aes(x= depth)) + geom_bar(binwidth= 50)
ggplot(quakes, aes(x= depth)) + stat_bin(binwidth= 50)
```

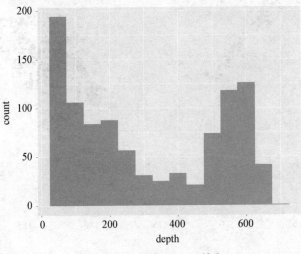

图 12-22　实战 stat_bin 输出

使用 stat_smooth 来进行数据平滑处理。

```
ggplot(longley, aes(x= Year, y= Employed)) + geom_point()

ggplot(longley, aes(x= Year, y= Employed)) +
   geom_point() + stat_smooth()

ggplot(longley, aes(x= Year, y= Employed)) +
   geom_point() + stat_smooth(method= "lm")
```

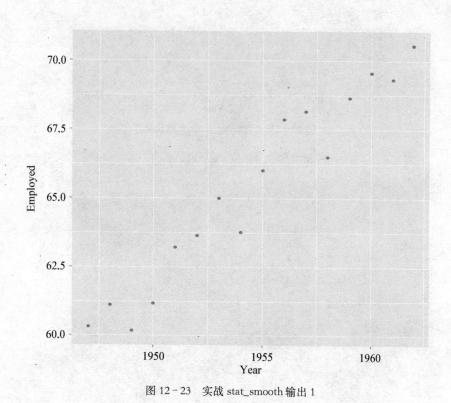

图 12-23 实战 stat_smooth 输出 1

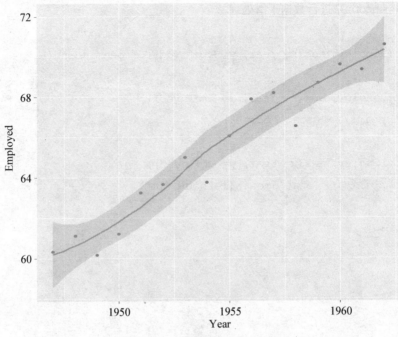

图 12-24 实战 stat_smooth 输出 2

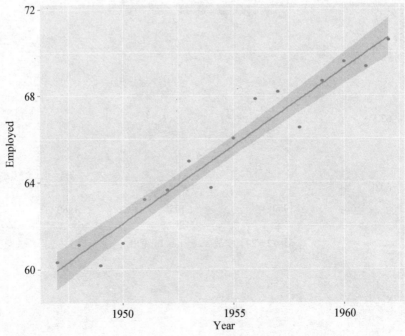

图 12-25 实战 stat_smooth 输出 3

添加 Facets，Scales 和 Options，这里为了方便展示，我们同样临时使用 mtcars 数据集。

```
ggplot(mtcars, aes(x= hp, y= mpg)) + geom_point()

ggplot(mtcars, aes(x= hp, y= mpg)) + geom_point() +
  stat_smooth(method= "lm") + facet_grid(~ cyl)


ggplot(mtcars, aes(x= hp, y= mpg)) +
  geom_point(aes(shape= factor(cyl), colour= factor(cyl)))

ggplot(mtcars, aes(x= hp, y= mpg)) +
  geom_point(aes(shape= factor(cyl), colour= factor(cyl))) +
  scale_shape_discrete(name= "Cylinders") +
  scale_colour_discrete(name= "Cylinders")
```

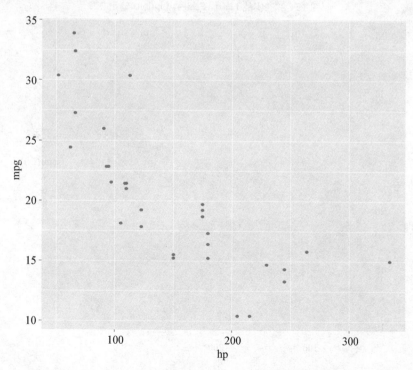

图 12-26　实战 Facet，Scales，Options 输出 1

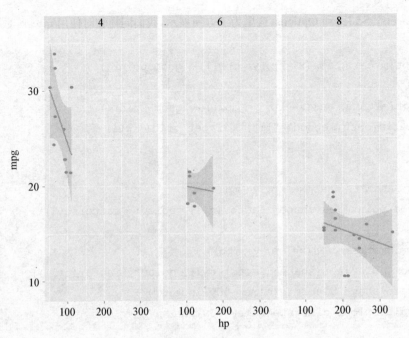

图 12-27 实战 Facet，Scales，Options 输出 2

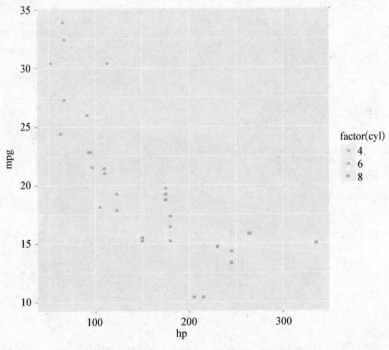

图 12-28 实战 Facet，Scales，Options 输出 3

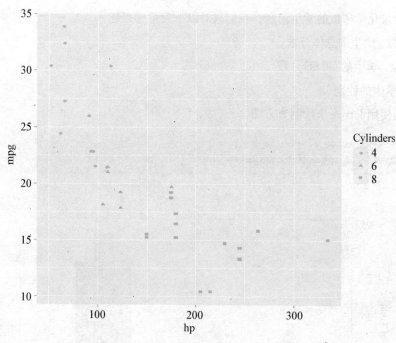

图 12-29 实战 Facet，Scales，Options 输出 4

12.3 lattice 实战

这一小节主要展示 lattice 的综合使用，我们使用来自 mlmRev 的 Chem97 数据集。

```
data(Chem97, package = "mlmRev")
head(Chem97)
```

输出

序号	lea	school	student	score	gender	age	gcsescore	gcsecnt
1	1	1	1	4	F	3	6.625	0.3393157
2	1	1	2	10	F	-3	7.625	1.3393157
3	1	1	3	10	F	-4	7.250	0.9643157
4	1	1	4	10	F	-2	7.500	1.2143157
5	1	1	5	8	F	-1	6.444	0.1583157
6	1	1	6	10	F	4	7.750	1.4643157

数据集记录化学考试的学生信息。我们只对以下变量感兴趣

Score 分数：学生的总体分数

Gcse 分数：学生的 GCSE 分数

gender：学生的性别

首先我们使用 lattice 来绘制直方图。

```
histogram(~ gcsescore, data = Chem97)
```

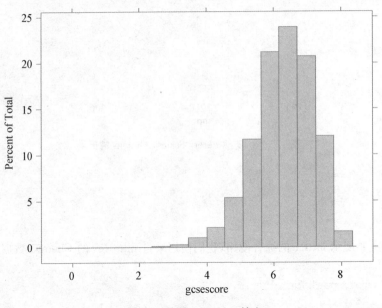

图 12-30　实战 histogram 输出 1

这个图展示了一个对称的单峰分布，一个更有趣的现象是比较 gcsescore 在不同子组的分布，表明被标记的总体考试分数。

```
histogram(~ gcsescore | factor(score), data = Chem97)
```

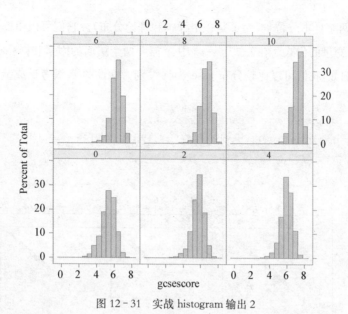

图 12-31 实战 histogram 输出 2

对这些分数的比较对于传统直方图是很难做到的,但用核密度估计是很容易。在以下示例中,我们使用相同的子组在不同的面板,但另外在每个面板按性别细分 gcsescore 值。

```
densityplot(~ gcsescore | factor(score), Chem97, groups = gender, plot.
 points = FALSE, auto.key = TRUE)
```

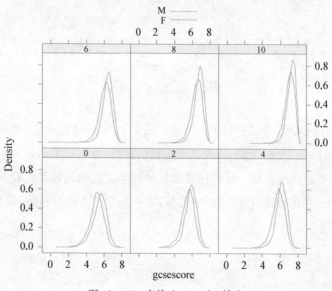

图 12-32 实战 densityplot 输出

qq 图比较的两个样本分位数(而不是一个样本和理论分布)。它们可以由框架产生功能 qq()函数,有两个主要变量的公式。在公式 y ~ x 中,y 需要两个层面的因素和样品相比,y 的两个层次是 x 的子集。例如,我们可以比较分布 gcsescore 性别为女性的 A 级考试成绩。

```
qq(gender ~ gcsescore | factor(score), Chem97,
   f.value = ppoints(100), type = c("p", "g"), aspect = 1)
```

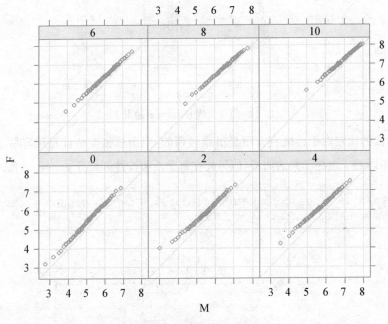

图 12-33 实践 qq 输出

图 12-33 表明在 GCSE 考试中对于一个给定的 a – level 考试成绩(换句话说,男性更倾向于提高 GCSE 考试的 a – level 考试)女性比男性做的更好,也有较小的方差(除了第一个面板)。qq 图只允许两个样本之间的比较。允许任意数量的样本之间的比较是比较 box – and – whisker 图。他们 qq 图相关:相比特殊的分位数、中位数、第一和第三个四分位数、极端值。使用 bwplot()来绘制。

```
bwplot(factor(score) ~ gcsescore | gender, Chem97)
```

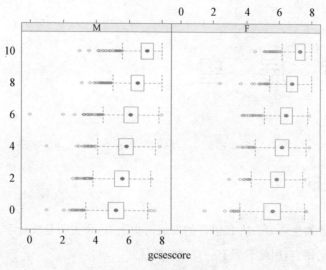

图 12-34　实战 bwplot 输出 1

盒子和边缘减少的长度表明方差的减少,一侧大量的异常值表示重点左尾(没有分布的特征)。

同一个 box-and-whisker 图可以显示在一个稍微不同的布局,强调数据中一个更微妙的影响:例如,中位数 gcsescore 在下面的图中从左到右不均匀增加,作为一个可能的预期。

```
bwplot(gcsescore ~ gender | factor(score), Chem97, layout = c(6, 1))
```

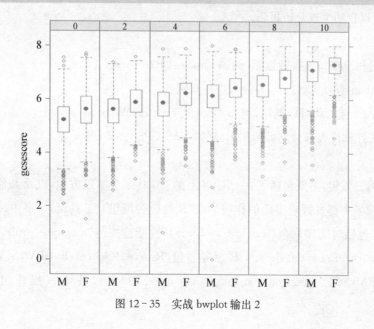

图 12-35　实战 bwplot 输出 2

第13章 展 望

13.1 最新发布

R 语言有着强大的生命力。从 R 语言的发展历史上看,R 主要是统计学家为解决数据分析领域的问题而开发的语言,因此 R 具有一些独特的优势:

1. 统计学家和前沿算法(3400+ 扩展包)。

2. 开放的源代码(自由且免费),可以部署在任何操作系统,例如 Windows、Linux、Mac OS X、BSD、Unix。

3. 强大的社区支持。

4. 高质量、广泛的统计分析、数据挖掘平台。

5. 重复性的分析工作(Sweave = R + LaTeX),借助 R 语言的强大分析能力 + LaTeX 完美的排版能力,可以自动生成分析报告。

6. 方便的扩展性。

(1) 可通过相应接口连接数据库,例如 Oracle、DB2、MySQL。

(2) 同 Python、Java、C、C++ 等语言进行互调。

(3) 提供 API 接口均可以调用,例如 Google、Twitter、Weibo。

(4) 其他统计软件大部分均可调用 R,例如 SAS、SPSS、Statistica 等。

R 语言的第三方包,主要包括了在 CRAN 上的 5 000 多个第三方包,以及其他社区的 R 包,这些包在各种领域中都发挥着重要的作用。在《R 的极客理想—工具篇》一书中,作者介绍了 30 多个包的使用,包括时间序列包(zoo、xts、xtsExtra),性能监控包(memoise、profr、lineprof),R 跨平台通信包(Rserve、Rsession、rJava),R 服务器包(Rserve、RSclient、FastRWeb、Websocket),数据库访问包(RMySQL、rmongodb、rredis、RCassandra、RHive)、Hadoop 操作包(rhdfs、rmr2、rhbase)等。

还有很多常用的包,比如数据处理包(lubridate、plyr、reshape2、stringr、formatR、mcmc),机器学习包(nnet、rpart、tree、party、lars、boost、e1071、BayesTree、gafit、arules),可视化包(ggplot2、lattice、googleVis),地图包(ggmap、RgoogleMaps、rworldmap)等。

R语言对于金融也有很好的支持,比如时间序列包(zoo、xts、chron、its、timeDate),金融分析(quantmod、RQuantLib、portfolio、PerformanceAnalytics、TTR、sde、YieldCurve),风险管理(parma、evd、evdbayes、evir、extRemes、ismev)等。

截至2016年8月份,R语言官网发布的最新版本是R 3.3.1。新的R包保持以惊人的速度进入CRAN。5月份进了184个包,6月份进了195个包,7月看起来将继续这一趋势。花了一些时间整理它们,主要有以下比较有趣的包。

ANLP提供函数来构建文本预测模型。它包含功能清洁文本数据,构建-表格和更多。装饰图案是通过一个例子来实现。

fakeR基于给定的数据集产生假数据。从应急表采样因子,并且从多元正态分布采样数值型数据。对于较小的数据集合理生产假的数据与原始数据集的相关结构这个方法非常适用。

```
library(fakeR)
library(corrplot)
data(mtcars)
df1 < - mtcars[,c(1:4,6)]
set.seed(77)
df2 < - as.data.frame(simulate_dataset(df1))
par(mfrow= c(1,2))
corrplot(cor(df1),method= "ellipse")
corrplot(cor(df2),method= "ellipse")
```

heatmaply热图产生互动热图。不仅仅是有吸引力的图形,作为一个探索性的分析工具这些已经增加相当大的价值。下面的代码包的小插图显示了相关结构的变量mtcars数据集。

```
    library(heatmaply)
heatmaply(cor(mtcars),
k_col = 2, k_row = 2,
limits = c(- 1,1)) %>%
layout(margin = list(l = 40, b = 40))
```

preprosim 自称是"轻量级数据质量模拟分类"。它包含函数来添加杂音,缺失值,异常值,无关的特性和其他转换是有用的评估分类精度。装饰图案提供了一个小例子关于缺失值和噪声如何影响精度。

polmineR 大型语料库的分析提供了文本挖掘工具,使用 IMS 开放语料库工作台(CWB)作为后端。

RFinfer 提供,使用无穷小重叠生成预测和预测方差的随机森林模型的功能。有介绍和重叠的小片段。

gaussfacts 提供关于卡尔·弗里德里希·高斯随机的"事实"。

除此之外,R 语言还有非常多的库可以使用,读者具体可以参考 R 语言的官方网站。

13.2 未来趋势

R 语言在国际和国内的发展差异非常大,国际上 R 语言已然是专业数据分析领域的标准,但在国内依旧任重而道远,这固然有数据学科地位不高的原因,国人版权概念薄弱以及学术领域相对闭塞的原因也不容忽视。R 语言之所以能够被广大的数据分析工作者接受,这其中有诸多原因。

当今数据科学领域最流行的工具之一是开源编程语言 R 语言,它广泛地应用于各个领域。简单来说,R 语言就是一种数据语言。过去的 20 年间,全世界的统计学家已经为开源语言 R 语言做出了许多创新性的贡献。这些贡献意味着,R 语言开发者们能够找到一种方法来接触到那些边缘学科运算规则的资料库(不再受统计学知识的限制),从而能够很迅速地开发出智能分析应用程序。正是如此,R 语言变得越来越好,非常受用户欢迎,应用的行业也更加广泛。

有一个 R 语言联盟(微软公司是其中的一个创始成员),联盟最近公布的目标是:在一个开放的开发环境中领导 R 语言的未来道路。R 语言联盟将会帮助 R 语言以更快速的步伐造福它的每一位爱好者和使用者。R 语言联盟将持续不断的努力,为数据科学的发展创造沃土。在高科技行业的强有力支持下,不管是现在还是未来,R 语言基金会和 R 语言联盟都将继续投入精力,力争使 R 语言成为更棒的语言。

虽然 R 语言有诸多优势,但它并不是万能的——它毕竟是统计编程类语言。受到其算法架构的通用性以及速度性能方面的影响,因此其初始设计完全基于单线程和纯粹的内存计算。虽然一般情况下无关 R 的使用,但在当今大数据条件下,这两个设计思路的劣势逐渐变得愈加刺眼。好在 R 的一些优秀的扩展性包解决了上述问题,例如:

1. snow 支持 MPI、PVM、nws、Socket 通信,解决单线程和内存限制。
2. multicore 适合大规模计算环境,主要解决单线程问题。
3. parallel R 2.14.0 版本增加的标准包,整合了 snow 和 multicore 功能。
4. R + Hadoop 在 Hadoop 集群上运行 R 代码。
5. RHIPE 提供了更友好的 R 代码运行环境,解决单线程和内存限制。

R 语言并不是人人都能接触到的语言,相对要小众很多,有些人即便接触到没准也搞不清楚 R 到底有什么用途。对于走上这条路的人,经常会有一些应用困难,比如从个人学习角度而言。虽然 R 语言的设计之初就是避免通过大量编程实现统计算法,但最基本的编程能力还是需要的,因此对于一般非计算机专业的工作者来说无疑提高了难度。还有很多人提到,R 语言的学习曲线非常陡峭。但从我多年的使用经验上看,陡峭的学习曲线并不是因为 R 语言本身,而是隐藏在后面的统计知识很难在短时间内掌握的缘故。

我们已经可以看到 R 语言的强大功能既适用于初创企业,也可以在传统企业中发挥作用:比如,挪威的 e-smart 语言智能系统已经在云端配置了基于 R 语言的预测模型,这一功能的用途是可通过智能电表中的数据来帮助优化国家电网;美国世纪投资公司正是使用 R 语言作为量化投资平台的基础;国家气象局在河流预报中心也使用 R 语言用来帮助预测洪水;再比如,房地产分析公司 TRulia 使用 R 语言帮助预测房价;除此之外,R 语言还作为 Twitter 网站大数据工具箱的一部分,用于监测网站的用户体验。类似的例子数不胜数,数量也在增加,足以看出 R 语言的强大功能及广泛的应用。

尽管 R 语言已经广泛地被使用,但实际上,我们才刚刚开始意识到当今高级统计平台的力量。在未来的 5 至 10 年内,几乎在每个应用软件及程序、互联网设备和智能手机中都可以看到机器学习和智能分析的影子。面对如此之多的挑战亟须解决,业界必须确保 R 语言作为正确的工具交到正确的人手中,这些人致力于寻找那些浩瀚而珍贵的数据库的答案。

R 语言基金会一直致力于开拓市场,用以支持 R 语言的发展并且扩大使用 R 语言的客户群,在此同时,还有更多的任务需要完成,这样才能让全世界的开发人员在企业中充分利用 R 语言,使其功能得到最大程度的利用。目前为止,得到了业界支持之后,主要在三方面能够帮助加快 R 语言的发展进度:

1. 测试:强大的软件测试方法和基础设施,更有助于开发 R 语言的新版本语言包,毋庸置疑,这对 R 语言社区将极其有利。如果能够切实做到保证候选发布版的高品质,并且能够在后续的发布版本也保持兼容性,那么在企业内部应用中将会大大提高 R 语言代码的可重复性和可靠性;如果这样,那么 R 语言的应用将会更加方便。

2. 可扩展性：目前而言，R语言功能的实现普遍是内存受限的。然而非常戏剧性的是，当今很多时候我们正在分析的数据集却全都比计算机内存更大。只要努力实现R语言的功能，充分利用这一既强大又科学的语言，就能够使企业更方便更轻松地处理数据任务（尤其是与大型数据集有关时）。

3. 面向未来：R语言需要不断创新，这样才能够确保它在当前的和未来的分析环境中都可以继续发挥作用，这些分析环境包括比如Hadoop、Spark以及下一代的数据库。这需要持续不断地接受教育，并且与全世界各地的R语言组织和数据开发人员通力合作才能完成，这需要我们我们共同努力，才能使R变得更好。

R语言的统计编程部分不仅简洁优美而且具有良好的灵活性，这使得它已经在金融、医疗、社会科学、公共事业领域都取得了重大突破。一直以来都有各方面的支持伴随着它的发展，因此我们期待在这个崭新的联结密切的世界中，可以看到R语言在数据科学和统计学应用程序中取得革命性进步。

图书在版编目（CIP）数据

R语言与数据可视化/段宇锋,李伟伟,熊泽泉编著.
—上海：华东师范大学出版社,2017
（商业分析丛书）
ISBN 978-7-5675-6389-6

Ⅰ.①R… Ⅱ.①段… ②李… ③熊… Ⅲ.①程序语言-程序设计 Ⅳ.①TP312

中国版本图书馆CIP数据核字（2017）第071432号

R语言与数据可视化

编　　著	段宇锋　李伟伟　熊泽泉
策划组稿	孙小帆
项目编辑	孙小帆
特约审读	金　天
版式设计	卢晓红
封面设计	俞　越
出版发行	华东师范大学出版社
社　　址	上海市中山北路3663号　邮编200062
网　　址	www.ecnupress.com.cn
电　　话	021-60821666　行政传真 021-62572105
客服电话	021-62865537　门市（邮购）电话 021-62869887
地　　址	上海市中山北路3663号华东师范大学校内先锋路口
网　　店	http://hdsdcbs.tmall.com
印 刷 者	上海丽佳制版印刷有限公司
开　　本	787×1092　16开
印　　张	16
字　　数	310千字
版　　次	2017年10月第1版
印　　次	2019年1月第2次
书　　号	ISBN 978-7-5675-6389-6/F·384
定　　价	43.00元
出版人	王　焰

（如发现本版图书有印订质量问题，请寄回本社客服中心调换或电话021-62865537联系）